风景园林设计
与环境生态保护

申明达　王　瑾　刘晓杰　著

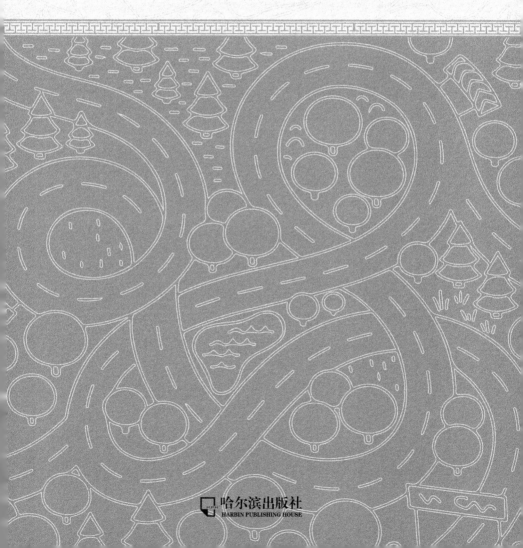

哈尔滨出版社
HARBIN PUBLISHING HOUSE

图书在版编目（CIP）数据

风景园林设计与环境生态保护／申明达，王瑾，刘
晓杰著. -- 哈尔滨：哈尔滨出版社，2025.1
ISBN 978-7-5484-7922-2

Ⅰ. ①风… Ⅱ. ①申… ②王… ③刘… Ⅲ. ①园林设
计-生态环境保护 Ⅳ. ①TU986.2②X171.4

中国国家版本馆 CIP 数据核字（2024）第 102710 号

书　　名：**风景园林设计与环境生态保护**
FENGJING YUANLIN SHEJI YU HUANJING SHENGTAI BAOHU

作　　者：申明达　王　瑾　刘晓杰　著
责任编辑：李金秋

出版发行：哈尔滨出版社（Harbin Publishing House）
社　　址：哈尔滨市香坊区泰山路 82-9 号　邮编：150090
经　　销：全国新华书店
印　　刷：北京虎彩文化传播有限公司
网　　址：www. hrbcbs. com
E - mail：hrbcbs@ yeah. net
编辑版权热线：（0451）87900271　87900272
销售热线：（0451）87900202　87900203

开　　本：880mm×1230mm　1/32　印张：5.75　字数：146 千字
版　　次：2025 年 1 月第 1 版
印　　次：2025 年 1 月第 1 次印刷
书　　号：ISBN 978-7-5484-7922-2
定　　价：48.00 元

凡购本社图书发现印装错误,请与本社印制部联系调换。

服务热线：（0451）87900279

前　　言

随着生活水平的提高,人们对环境视觉景观设计日益重视,以往多用于皇家园林、私家园林、寺庙会馆等处。古典园林等形态的观赏已经不能完全满足现代人对于园林景观的需要,将自然的风景与人工的园林相结合,将造园要素与城市景观相结合,是一条行之有效的设计之路,这是一个较为宽泛的风景园林概念。市政景观工程、企业环境绿化景观工程、酒店庭院环境规划设计、私家庭院景观设计和小区绿化景观设计都属于风景园林设计,世界上各种风景园林都是以同样的要素构成。"造园有法而无式",这为风景园林设计提供了最大的空间设计可能性。本书将中国古典园林理论和现代公园、城乡景观、生态景观以及西方的风景园林理论加以综合提炼,不是讲述一种模式或艺术风格,而是力图多方面加以介绍,以拓展设计师的想象空间,开拓设计思维。

因为生态意识的加强以及质朴型生活方式的提倡,技术美学和自然美学得以科学结合,技术美学标准中的简洁、明快,和自然美学标准中的不矫情、不伪饰、不雕琢将会得到更好的融合。新时期的风景园林设计将更加关注环境生态的保护,以实现自然价值和人文价值的共融和发展为目标。

本书一共分为五个章节,主要以风景园林设计与环境生态保护为研究基点,梳理风景园林设计的发展脉络,从风景园林的形态结构、各要素入手,分析风景园林的设计与表现,并结合生态环境探究风景园林的设计与发展,提出风景园林生态环境规划与建设、风景园林生态系统调控、风景园林生态环境可持续发展的策略。即便如此,风景园林设计的理论研究仍然有许多空白需要填补,风景园林设计需要运用现代的先进设计理论、观念和科学方法,需要在已有的基础上进一步深入地开展研究工作,以适应不断发展的新形势。

目　　录

第一章 风景园林基础知识

第一节 风景园林的概述

一、传统园林内涵

(一)园林的含义

园林是由地形地貌和水体、建筑构筑物和道路、植物、动物等素材组成,通过改造地形、种植树木花草、营造建筑和布置园路等途径创作而成的美的自然环境和游憩境域,根据功能要求、经济技术条件、艺术布局等方面综合组成的统一体。"园林"一词,见于西晋以后诗文中,如西晋张翰《杂诗》有"暮春和气应,白日照园林"句;北魏杨衒之《洛阳伽蓝记》评述张伦的住宅时说:"园林山池之美,诸王莫及。"唐宋以后,"园林"一词的应用更加广泛,常用以泛指各种游憩境域。由此可见,传统园林受到传统文化的影响很深,是传统文化中的一种艺术形式。随着社会历史和人类知识的发展,园林的概念也是变化各异的,不同历史发展阶段有着不同的内容和适用范围,不同国家和地区的界定也不完全一样。历史上,园林在中国古籍里根据不同的性质也称作园、囿、亭、庭园、园池、山池、池馆、别业、山庄等。同时,游憩境域因内容和形式的不同也用过不同的名称。中国殷周时期和西亚的亚述,以畜养禽兽供狩猎和游赏的境域称为囿和猎苑。中国秦汉时期供帝王游憩的境域称为苑或宫苑;属官署或私人的称为园、园池、宅园、别业等。英美等国则称为 Garden、Park、Landscape。它们的性质、规模虽不完全一样,但都具有一个共同的特点,即在一定的地段范围内,利用并改造天然山水地貌或者人为地开辟山水地貌,结合植物配景和建筑布置,构成一个供人们观赏、游憩、居住的环境。

(二)园林组成

1. 筑山

我国古典园林中的"山"虽然有真山,但更多的是假山。为表现自然,叠山是造园最主要的要素之一。在堆积章法和构图上,要体现天然山岳的构成规律及风貌,尽量减少人工拼叠的痕迹。因此,成功的假山是真山的抽象化、典型化的缩写,是在小地段内展现出的咫尺山林和千岩万壑。

2. 理水

园林中的各种水体,是对自然界中河湖、溪涧、泉瀑、渊潭的艺术概括。理水是按水体运动的规律,经人为抽象概括,再现自然的水景。水是园林中的血液,为万物生长之本。水景组织要顺其自然,水面处理要分聚得当,水体要流通灵活。

3. 建筑

建筑是园林艺术的重要组成部分,其美学与观赏价值远远超过本身的价值,由此可见,独具风格的园林建筑规划设计和创新思想的相得益彰的结合的重要性。我国古代园林建筑集观、行、居、游等功能于一体,建筑虽然是景点上的重要标志,但不是越多越好,越高大越好,而是以少胜多、以小胜大。在构景时应精心设计,并和自然环境相适应,使建筑融于山水园林之中。

4. 植物

植被以树木为其主调,不讲究成行排列,也不以多取胜,往往三株五株,或丛集,或孤立,或片状,或带形。物种选择要有地方特色,既有独特个性,又适应区域的生态条件。强调花木的多样性,并注重物种和群落的自然配合,提倡物种的多变和不对称的均衡。生物自然生长有不同的生态变化,应突出植物本身不同季节的景观特色。总之,设计要顺应自然规律,适宜地方气候,取自然之理,得自然之趣,通过改造提炼,使人们身在其境,联想到大自然风华繁茂的生态环境。

花木主要具有主景、衬景、地方特色和季节性特点,花木可单独构成景色画面,进一步点明主题,也可以形成围合密集的空间;花木种植要考虑时令变化,使园林景观四季不同,花木是对比的参照物,不同季节的花木,可组织环境各异的道路;花木作陪衬景,则疏密相间、高低错落、色调相宜,作为陪衬各种园林要素的普遍素材,可以与建筑、山水相结合,使景物构图生动、层次丰富;花木选择的要求是造型美、颜色美、气味美,同时也易引来昆虫和飞禽,同时应以地方特色为主,选择土生土长的成活率高、生长快、适应性强的花木;花木不仅美化环境,更重要的是体现园林主人所追求的意境。

5. 匾额、楹联、刻石

匾额和楹联是和书法艺术、雕刻艺术完美结合的产物,是我国古代园林独到的造园要素,它渗透着语言的思想性和文学性,蕴含着创作者的思想感情、道德情操和艺术追求,精辟地概括了园林景致的意境,起到了画龙点睛的作用,具有很强的实用性和社会价值。园林中的匾额主要用于题刻园名、景名、颂人、写事等,多悬挂在厅堂、楼阁、馆轩、亭斋等处。楹联是门两侧柱上的竖牌,多置于厅堂、馆轩等楹柱上。其作用不仅能帮助人们赏景,而且其本身也是艺术珍品,具有很高的审美价值。石刻包括摩崖石刻、岩画、石碑、经幢等。我国古代园林刻石多为园林历史的记载,景物景致的题咏、名人逸事的源流、诗赋画图的表达等,是一部园林史和美学史书,同时还是园林景观的重要组成部分。

二、风景园林的含义

(一)不同阶段的风景园林

在农业文明时期,自然环境是人类活动的限制因素,在很大程度上决定了人类的生活方式,因此对自然环境的改造往往表达了人类对天人合一思想的追求。由于地球上环境的空间分异和农业活动对自然的适应结果,出现了以再现自然美为宗旨的园林风格的空间分异和不同的审美标准,包括西方自然式的田园风光和中国园林的诗情画意。但不论差异如何,都是以自然美为特征的,几乎在同一时代出现的圆明园和凡尔赛宫便是这一典型。

工业革命源于英国而盛于美国。大工业生产不仅极大地增强了人类改造自然的能力,而且使人类的活动范围大大扩展。城市成为自然环境中最突兀的人工景观,越来越多的人生活在城市这样的人工环境中,而非过去的自然环境。因此,聚居在城市中的人们需要一个身心再生的空间,而最能发挥这种身心再生功能的园林空间便是农业时代舒展的牧场式风景,从而产生了以公园和休闲绿地为创作对象的公园式景观(Park-like landscape)。纽约中央公园就是其中的杰出代表。

后工业时代,人类与自然环境的关系再次发生了改变。随着工业化和城市化发展达到高潮,公园绿地已不足以改善城市的环境,自然环境对人类活动的约束力在人类文明面前越来越弱小,而人类也日益感受到工业文明对环境的破坏,保护环境的呼声日益高涨。因此,园林专业的服务对象不再限于某一群人的身心健康和再生,而是人类作为一个物种的生存和延续。在此背景下,风景园林学和生态学的结合成为历史发展的必然选择。

(二)现代风景园林

现代风景园林指后来由西方传入的,有别于中国原有的传统造园形式,主要采用与现代建筑相匹配的对称和几何形状等方式,以注重理性和科学分析为特征,以现代城市广场、道路、公园和居民住宅小区等现代建筑为服务对象,讲究人工改造的造园理论和实践。随着时代的发展,小区建筑多为钢筋混凝土结构,外立面现代简洁,即使有仿欧式小区,也完全不同于中国古典园林建筑,因此通过传统园林手法的适当运用,可使小区园林意境有新的延伸与体现。园林中的意境可以借助山水、建筑、植物、山石、道路等来体现,其中园林植物是意境创作的主要素材,园林植物产生的意境有其独特的优势,它可以不受各种设计风格的影响发挥作用。这不仅因为园林植物有自然优美的姿态、丰富的色彩、沁人的芳香、美丽的芳名,而且园林植物是具有生命的活机体,是人们感情的寄托。居住区园林的名贵树木的栽植,不仅是为了绿化环境,还要使其具有观赏价值。

三、风景园林的功能

(一)生态功能

1. 净化空气、水体和土壤

(1)净化空气

城市园林中大量的植物进行光合作用时可以吸收二氧化碳,释放氧气,维持碳氧平衡,城市园林是名副其实的城市绿肺。

(2)净化水体

园林植物特别是水生植物和沼生植物,可以很大程度地净化城市中被污染的水体,去除水体中的污染物和有毒有害物质。

（3）净化土壤

对于土壤中的有害物质和细菌,园林系统也有很好的净化和杀菌作用,从而减少对人类造成的伤害。

2. 改善城市小气候

（1）调节温度

园林植物具有很好的吸热、遮阴的作用,它可以吸收太阳辐射热,并通过其叶片的大量蒸腾水分,吸收环境中的大量热能,从而消耗城市中的辐射热和来自路面、墙面和相邻物体的反射热而产生降温增湿效果,缓解城市的热岛和干岛效应,改善人居环境。

（2）调节湿度

绿色植物,尤其是乔木林,具有较强的蒸腾能力,使绿地区域空气的相对湿度和绝对湿度都比未绿化区域要大。

（3）调节气流

城市园林绿地对气流的调节作用表现在形成城市通风道和形成防风屏障两个方面。

3. 降低噪声

风景园林对于控制和降低城市噪声也有一定的作用,当声波投射到树木叶片上后,有的被吸收,有的被反射到各个方向,造成树叶微振,使声的能量消耗而减弱。

4. 减灾防灾

（1）防火避灾

随着全球生态系统的破坏,各种灾害日益增多。在防灾减灾体系的诸多构件中,园林绿地系统占有十分重要的位置,它的作用甚至是其他类型的城市空间所无法替代的。

（2）防风固沙

随着土地沙漠化问题日益严重,城市沙尘暴已经成为影响城市环境,制约城市发展的一个重要因素。植树造林、保护草场是防止风沙污染城市的一项有效措施。

（3）涵养水源,保持水土

园林绿地对涵养水源、保持水土、防止泥石流等自然灾害有着重要的生态功能。

（4）有利备战防空和防御放射性污染

有些园林植物还可用于绿化覆盖军事要塞、保密设施等,起隐蔽作用。

5. 为野生动物提供栖息空间,维持城市生物多样性

城市中不同群落类型配置的绿地可以为不同的野生动物提供栖息的生活空间,另外与城市道路、河流、城墙等人工元素相结合的带状绿地形成了城市中的优质空间,保证了动物迁徙通道的畅通,为动物提供了基因交换、营养交换所必需的空间条件,使鸟类、昆虫、鱼类和一些小型哺乳动物得以在城市中生存。

（二）游憩功能

游憩功能是园林绿地最常规的使用功能,人们可以在园林中观赏植物、休息和进行其他娱乐活动,放松身心。

1. 娱乐健身活动功能

娱乐健身活动功能是园林绿地的主要功能之一。园林绿地是人们日常游憩活动的场所,是人们锻炼身体、消除疲劳、恢复精力、调剂生活的理想场所。市民的休息娱乐活动属于自发性活动或社会性活动,其活动质量的好坏多依赖于环境载体的情况。这些环境包括城市中的公园、街头小游园、城市林荫道、广场、小区公园、组团院落绿地等园林绿地。人们日常的娱乐活动可分为动、静两类,其内容主要包括:

（1）文娱活动。如弈棋、音乐、舞蹈、戏剧、电影、绘画、摄影、阅览等。

（2）体育活动。如田径、游泳、球类、体操、武术、划船、溜冰、滑雪等。

（3）儿童活动。有滑（如滑梯）、转（如电动转马）、摇（如摇船）、荡（如荡秋千）、钻（如钻洞）、爬（如爬梯）、乘（如乘小火车）等。

（4）安静休息。如散步、钓鱼、品茶、赏景等。

2. 社会交往功能

社会交往是园林绿地的重要功能之一。公共园林绿地为人们的社会交往活动提供了不同类型的开放空间。园林绿地中，大型空间为公共性交往提供了场所；小型空间是社会性交往（指相互关联人们的交往）的理想选择；私密性空间给最熟识的朋友、亲属、恋人等提供了良好氛围。

3. 观光游览功能

我国的风景名胜区无论是自然景观还是人文景观都非常丰富，中国古典园林的艺术水平很高，被誉为"世界园林之母"。桂林山水、黄山奇峰、泰山日出、峨眉秀色、青岛海滨等形形色色的自然景观都为人们提供了优美的旅游度假去处，使人们感受到大自然的秀美风光。西湖胜景、苏州园林、嵩山古刹、北京故宫等园林与历史古迹也都值得国内外的游客参观游览。总之，这些自然风景区、城市园林绿地与人文景观是很好的观光游览资源，是发展旅游业的优越条件。

4. 度假疗养功能

植物对人类有着一定的心理调节功能。随着医学和心理学的发展，人们不断深化对这一功能的认识。著名未来预测学家格雷厄姆·T.T.莫利托认为，休闲是新千年全球经济发展的五大推动力中的第一引擎。新千年"一个以休闲为基础的新社会有可能出现",休闲将在人类生活中扮演更为重要的角色。在城市郊区的森林、水域、山地或郊野公园等绿地,往往景色优美、气候宜人、空气清新、水质纯净,如海滨、水库、高山、温泉等风景名胜区以及森林公园,对于饱受城市环境污染影响和快节奏工作压力的现代人来说,这些地方无疑是缓解压力、恢复身心健康的最佳休息、疗养场所。

5. 科普教育功能

园林绿地是进行文化宣传、开展科普教育的场所,特别是科普知识型园林,它属于生态教育的范畴。生态教育以生态学为依据,传播生态知识和生态文化,提高人们的生态意识及生态素养,塑造生态文明风尚的教育。

(三)美学欣赏功能

风景园林是一种综合大环境的概念,它是在自然景观基础上,通过人为的艺术加工和工程措施而形成的。风景园林设计是结合美学、艺术、绘画、文学等方面的综合知识,尤其是美学的运用,力求创造美妙景致的艺术设计。所以,风景园林的审美价值是评价园林的重要标准之一,而细分风景园林的美学欣赏功能则可分为以下几点:

自然美。在园林中,凡不加以人工雕琢的自然事物,其声音、色泽和形状都能令人身心愉悦,产生美感,并能寄情于景的,都是自然美。

生活美。园林是一个可游、可憩、可赏、可居、可学、可食的综合活动空间,满意的生活服务,健康的文化娱乐,清洁卫生的环境,交通便利与治安保障,都会使人们身心愉悦,给生活带来美感。

艺术美。人们在欣赏和研究自然美、创造生活美的同时,孕育了艺术美。艺术美应是自然美和生活美的提炼,自然美和生活美是创造艺术美的源泉。尤其是中国传统园林的造景,虽然取材于自然山水,但并不像自然主义那样,把具体的一草一木、一山一水加以机械模仿,而是集天下名山胜景,加以高度概括和提炼,力求达到"一峰则太华千寻,一勺则江湖万里"的神似境界,这就是艺术美。康德和歌德称艺术美为"第二自然"。

还有一些艺术美的东西,如音乐、绘画、照明、书画、诗词、碑刻、园林建筑以及园艺等,都可以组织到园林中来,丰富园林景观和游赏内容,使人们对美的欣赏得到加强和深化。

第二节 风景园林基本构成要素和布局形式

一、基本构成要素

(一)地形

地形是构成园林的骨架,主要包括平地、土丘、丘陵、山峦、山峰、凹地、谷地等。地形要素的利用与改造,将影响园林的形式、建筑的布局、植物配置、景观效果、给排水工程、小气候等诸多因素。

(二)水体

水是园林的灵魂,有的园林设计师称之为"园林的生命",足见水体是园林中重要的组成因素。水体可以分成静水和动水两类。静水包括湖、池、塘、潭、沼等形态;动水常见的形态有河、湾、溪、渠、涧、瀑布、喷泉、涌泉、壁泉等。另外,水声、倒影等也是园林水景的重要组成部分。水体中还形成堤、岛、洲、渚等地貌。

(三)植物

植物是园林设计中有生命的题材。植物要素包括乔木、灌木、攀缘植物、花卉、草坪地被、水生植物等。植物的四季景观,本身的形态、色彩、芳香、习性等都是园林造景的题材。园林植物与地形、水体、建筑、山石、雕塑等有机配置,将形成优美、雅静的环境和艺术效果。

(四)建筑

根据园林设计的立意、功能要求、造景等需要,必须考虑适当的建筑和建筑的组合;同时考虑建筑的体量、造型、色彩以及与其配合的假山艺术、雕塑艺术、园林植物、水景等诸要素的安排,并要求精心构思,使园林中的建筑起到画龙点睛的作用。

(五)广场与道路

广场与道路、建筑的有机组织,对于园林形式的形成起着决定性的作用。广场与道路的形式可以是规则的,也可以是自然的,或二者兼有。广场和道路系统将构成园林的脉络,并且起到园林中交通组织、联系的作用。

此外,园林小品也是园林构成不可缺少的组成部分,它使园林景观更富于表现力。园林小品,一般包括园林雕塑、园林山石、园林壁画、摩崖石刻等内容。很难想象,将西方园林中的雕塑作品去掉,或把中国园林中的假山、石驳岸、碑刻、壁雕等去掉,如何构成完整的园林艺术形象。反之,园林小品也可以单独构成专题园林,如雕塑公园、假山园等。

二、空间布局形式

(一)园林布局的形式与特点

1. 自然式园林

自然式园林又称风景式、不规则式、山水派园林。自然式园林以模仿再现自然为主,不追求对称的平面布局,立体造型及园林要素布置均较自然和自由,相互关系较隐蔽含蓄。这种形式较能适用于有山有水有地形起伏的环境,以含蓄、幽雅、意境深远见长。自然式园林在我国从周朝开始形成,经历代的发展,多有传世精品,不论是皇家宫苑还是私家宅园,都是以自然山水园林为源流。发展到清代,为园林鼎盛时期,保留至今的皇家园林,如颐和园、承德避暑山庄;私家宅园,如苏州的拙政园、网师园等都是自然山水园林的代表作品。

自然式园林特有之处有以下几点:

(1)地形

自然式园林的地形设计讲究"相地合宜,构园得体"。在竖向设计上,主要的处理手法是"高方欲就亭台,低凹可开池沼"的"得景随形"。自然式园林最主要的地形特征是"自成天然之趣",所以,在园林中,要求再现自然界的山峰、崖、岗、岭、峡、岬、谷、坞、坪、洞、穴等地貌景观。在山地和丘陵地区,则可以选择利用原有的地形和地貌,除了园林建筑和广场基地外不采取人工阶梯的地形改造,并且应将原有相对突兀破碎的剖面地形加以整理,使之成为相对平缓的自然曲线。

(2)水体

水体作为园林要素中形体最为多变、形象最为活跃的元素,自然式园林的水体设计讲究"疏源之去由,察水之来历",力求再现自然界水景,避免露出人工痕迹。水体的轮廓为自然曲折,水岸为自然曲线的倾斜坡度,驳岸主要用自然山石、石矶等材料,在建筑附近或根据造景部分需要用条石砌成直线或折线驳岸。

(3)广场与园路

自然式园林的广场与街道在设计时也有一定的要求,通常仅在体量较大、规格较高的建筑前的广场设计时采用规则式造型和布局,园林中其他的空旷地和广场的外形轮廓均为自然式。在园路的走向和布置上多随地就势,街道的平面和竖向剖面多为自然的起伏曲折的平面线和竖曲线组成。

（4）建筑

自然式园林中的单体建筑多采用对称布置,少数不对称布置也尽量使各方建筑体量相对均衡;而建筑群或大规模的建筑组群,多采用不对称均衡的布局。全园无明确的轴线,更不以严格的几何样式约束。

（5）植物

植物在自然式园林中的设计力求反映自然界植物群落之美,不成行、成列栽植。树木被修剪成规则的几何形体,配置以孤植、丛植、群植、密林为主要形式。花卉的布置以花丛、花群为主要形式。

（6）其他景观元素

自然式园林中小品、假山、石品、盆景、石刻、砖雕、石雕、木刻等也多反映自然之美。其中雕像的基座多为自然式,小品多配置于透视线集中的焦点上。

2. 规则式园林

规则式园林又称整形式、建筑式或者几何式园林。规则式园林给人以庄严、雄伟、整齐之感,一般用于气氛较严肃的纪念性园林或有对称轴的建筑庭院中。整个平面布局、立体造型以及建筑、广场、街道、水面、花草树木等都要求严整对称。在 18 世纪,英国风景园林产生之前,西方园林主要以规则式为主,其中以文艺复兴时期意大利台地园和 19 世纪法国勒诺特平面几何图案式园林为代表;我国的北京天坛、南京中山陵也采用规则式布局。

（1）中轴线

规则式园林相对于自然式园林最大的特点就在于全园在平面

规划上有明显的中轴线,并大抵以中轴线的左右前后对称或拟对称布置,园地的划分大都成为几何形体。

(2)竖向

规则式园林的广场选择在开阔、较平坦地段建设,略有高差则采用不同高程的水平面及缓倾斜的平面组合成园;在山地及丘陵地段,由阶梯式的大小不同的水平台地倾斜平面及石阶组成,其剖面均为直线所组成。

(3)广场和园路

规则式园林在广场和园路的布局上特点尤为突出,广场多为规则对称的几何形,主轴和副轴线上的广场形成主次分明的系统;园路均为直线形、折线形或几何曲线形。广场与园路构成方格形、环状放射形、中轴对称或不对称的几何布局。

(4)建筑

规则式园林中的建筑群组和单体建筑多采用中轴对称均衡设计,多以主体建筑群和次要建筑群形成与广场、街道相组合的主轴、副轴系统,形成控制全园的总格局。一般情况下,主体建筑主轴线和室外轴线是一致的。园林轴线多视为主体建筑室内中轴线向室外的延伸。

(5)水体

规则式园林在水体的表现形式上也采用以几何形的外形轮廓为主,轮廓通常是圆形和长方形,水体的驳岸多整形、垂直,有时加以雕塑;水景有整形水池、整形瀑布、喷泉、壁泉及水渠运河等。古代神话雕塑与喷泉构成水景的主要内容。

(6)植物

在规则式园林中,植物经常被用于配合组成中轴对称的总体格局,全园树木配置以等距离行列式、对称式为主,树木修剪整形多模拟建筑形体、动物造型等,大量运用修剪成几何形体的植物,绿篱、绿墙、绿柱为规则式园林较突出的特点。园内常运用大量的绿篱、绿墙和丛林划分和组织空间,花卉布置常为以图案为主要内容的花坛和花带,有时布置成大规模的花坛群。

（7）其他景观元素

规则式园林中其他景观元素也遵循规则式园林的整体风格,园林雕塑、瓶饰、园灯、栏杆等装饰点缀园景。西方园林的雕塑主要以人物雕像布置于室外,并且雕像多配置于轴线的起点、焦点或终点。雕塑常与喷泉、水池一起构成水体的主景。

3. 混合式园林

混合式园林因地制宜地展现出园林美好的景致,其主要手法是通过将自然式和规则式的一些特点和原则组合使用。全园没有明显的自然山水骨架,没有控制全园的主中轴线和副轴线,只有局部景区、建筑以中轴对称布局等。在风景园林布局形式的设计选择上,往往需要结合地形,在原地形平坦处,根据总体规划需要多安排规则式的布局;当原地形条件较复杂,具备起伏不平的丘陵、山谷、洼地等地形时,多结合地形规划成自然式。

（二）影响园林形式的主要因素

1. 文化的影响

风景园林作为一种艺术必然受到其所处环境的地区、民族文化传统和其他艺术的影响,不同的文化、传统等造就了各不相同的园林形式。中国由于传统文化的沿袭,追求天人合一的境界,形成了自然山水园林的自然式规划形式。而同样是多山的国家意大利,由于其传统文化和本民族固有的艺术特色,即使是自然山地条件,它的园林仍多采用规则式台地园风格。

2. 意识形态的影响

不同地区的人们具有不同的意识形态,对园林形式的影响也十分大。中国古典神话中的神仙通常深居在名山大川之中,所以人们一般将园林中的神像供奉在殿堂之内,而不展示于园林空间中,这样一来就自然形成了园林的中心;而西方传统神话中的神皆是人化了的神明,实际上意识形态上宣扬的是人本和人性,人类当然可以生活在自然界中,所以结合西方雕塑艺术,在园林中把许多神像规划在园林空间中,而且多数放置在轴线上,或轴线的交叉中心。由此可见,不同的意识形态对园林形式有不同的影响。

3. 主题的影响

除了文化和意识形态对园林形式的影响外,园林的主题是影响园林形式更直接和更具体的因素。不同的园林有不同的主题和性质,由于园林布局形式力求反映园林的主题和性质,不同主题的园林必然会形成不同的布局形式。如以纪念历史上某一重大历史事件中英勇牺牲的革命英雄为主题的烈士陵园,较著名的有中国广州起义烈士陵园、南京雨花台烈士陵园、长沙烈士陵园、德国柏林的苏军烈士陵园、意大利的都灵战争牺牲者纪念碑园等,都是纪念性园林。这类园林的性质,主要是缅怀先烈革命功绩,激励后人发扬革命传统,起到爱国主义、国际主义思想教育的作用。这类园林布局形式多采用中轴对称、规则严整形式和逐步升高的地形处理,从而营造出雄伟崇高、庄严肃穆的气氛。而动物园主要属于生物科学的展示范畴,需要给游人以知识和美感,所以,从规划形式上,要求自然、活泼,创造寓教于游的环境。儿童公园更要求形式新颖、活泼,色彩鲜艳、明朗,公园的景色、设施与儿童的天真、活泼性格协调。园林形式应服从于园林的内容,体现园林的特性,表达园林的主题。

第二章　风景园林形态构成设计基础

第一节　形态构成

一、形态构成概述

(一)形态构成的含义

形态(Form)是指事物内在本质在一定条件下的表现形式,包括形状和情态两个方面。这个概念的意义在于它强调了"形状之所以如此"的根据,把内部与外部统一起来了。

"构成"在《现代汉语词典》中解释为"形成""造成"。构成是一种造型概念,也是现代造型设计的用语,含义就是将不同形态的几个单元(包括不同的材料)重新组合成为一个新的单元,并赋予视觉化的、力学的观念。广义上,其意思与"造型"相同,狭义上是"组合"的意思,即从造型要素中抽出那些纯粹的形态要素来加以研究。

(二)构成的分类

构成学是研究造型艺术各部类的共性——造型性的基础,与艺术学同属一个体系。"构成"作为一门学科可分为纯粹构成和目的构成。所谓纯粹构成,主要是指不带有功能性、社会性和地方性等因素的造型活动,它在对于形态、色彩和物象的研究方面具有被纯粹化、被抽象化的特点。而目的构成则指各种现实设计。纯粹构成按照造型要素还可以细分为视觉性构成和机能性构成。

此外还有一些名称,如:意象构成、想象构成、形式构成、解析构成、意义构成、打散构成、图案构成……不外是强调构成过程中某个方面的突出作用。其实,构成是对各要素作综合性的感知和心理的创造。

二、形态构成在风景园林艺术创作中的应用

(一)现代风景园林审美与形态构成

特定时期的社会生产水平和相应的社会文明,孕育着与之相应的社会审美观念,并渗透、延伸于一切文化艺术领域乃至人们日常生活的各个方面。风景园林不是单纯的艺术,影响风景园林审美的因素或许更为复杂、曲折,但是我们依旧可以从历史的发展中清晰地看到:风景园林作为一种独特的艺术形式,与审美观念之间有密切联系。

古代匠师们在生产力落后、技术停滞的相当长时间里经过了无数次的重复实践,积淀艺术,造就成某种程式、法度或风格的至善至美,体现出那个时代中人们的精神追求。我国传统建筑中的开间变化,体现着中正至尊的传统观念;屋顶的出挑、起翘则是在排水功能的基础上,创造出的轻盈形态的艺术表达,它们同样以"法式"或"则例"的形式被固定下来,传承于世。"庭院深深深几许""风筝吹落画檐西"……这种通过建筑环境烘托和强化意境的诗词,也从一个侧面展示出人们对传统建筑的审美情结。

工业时代的到来,为现代文明的发展提供了最为直接的动力,同时也引发了社会审美观念的重大改变。机器生产所表现出的工艺美对传统的手工美产生着强烈的冲击。人们从包豪斯校舍、巴

塞罗那展厅以及流水别墅等名作中,体验到了建筑本身以及其与环境之间的功能之美、空间之美、有机之美等。

(二)形态构成的应用

在此,就形式美创造中形态构成与风景园林设计之间的关系进行具体分析。

1. 形态构成的重点在于造型

以人的视知觉为出发点(大小、形状、色彩、肌理),从点、线、面、体等基本要素入手,实现形的生成;强调形态构成的抽象性,并对不同的形态表现给予美学和心理上的解释(量感、动感、层次感、张力、场力……)。这些也都是风景园林设计中进行有关形式美的探讨时经常涉及的问题。因而形态构成的系统学习,有利于学生对风景园林造型认识的深化和能力的提高。

2. 形态构成的重要特点之一是具有方法上的可操作性

所提出的各种造型方法都是以由点、线、面、体所组成的基本形为发展基础的,基本形是进行形态构成时直接使用的“材料”。对这些“材料”按构成的方法加以组织,建立一定的秩序,就是创造“新形”的过程,即:基本形-秩序-新形。

3. 学习形态构成的最终目的在于造型能力的提高

正如一些构成学家所指出的:“构成的重点不是技术的训练,也不是模仿性的学习,而是在于方法的教学和能力的培养。”在构成学习中,强调教师引导学生“主动地把握限制条件,有意识地去进行创造”;强调学生在学习过程中从逻辑推理、情理结合、逆向思维等多种渠道、多种途径进行思考,以拓宽自己的创作思路和视野。这些都说明形态构成与风景园林设计在学习方法、过程和目的等方面具有共同特点和互通之处。

第二节 景观色彩

一、概念界定

(一)景观

景观的概念在前面的章节中已经论述过了,所以在这里我们只是简单地讨论一下景观所包含的内容,从而引出广义景观涉及的色彩所包含的内容。这里所讨论的主要是城市景观。广义上讲,城市景观是城市空间与物质实体的外在表现,它包括城市实体建筑要素、城市空间要素、基面和城市小品等多种构成要素。色彩景观是建筑物、道路、广场、广告、车辆等人工装饰色彩和山林、绿地、天空、水色等自然色彩的综合。应该认识到的是,景观是一个多层次、多功能的研究体系,各学派的研究都是对整个景观研究框架的补充和完善,它们之间是相互补充而不是相互对立的。对城市色彩景观的理解不是单纯的建筑色彩研究,也不是单纯的植物色彩研究,而是对综合城市各个构成要素所呈现的公共空间色彩面貌进行的色彩研究。

(二)景观色彩(色彩景观)

英国色彩规划专家迈克尔·兰卡斯特(Michael Lancaster)提出了景观色彩(colorscape)的概念,即关注色彩作为城市景观中的重要组成要素,从宏观的、景观的角度进行系统的研究。通过对环境中色彩因子的控制性规划和设计来表现地域化,个性化的城市景观。

随着城市化进程的加速,环境恶化问题越来越严重,人们对自身生活环境质量日益关注,希望能够把城市建设和发展所带来的在色彩方面无序、杂乱、忽视地方文化传统的现象加以解决,进而创造出美观、和谐又不失特色的城市色彩面貌。景观色彩问题就是在这种背景下提出来的。

二、景观色彩研究概述

(一)国外概况

在西方,城市色彩规划已有很长的历史了。意大利都灵市就是一个典型例子。1800—1850年间,意大利都灵市政府在当地建筑师协会的建议下,委托该组织负责对全城色彩进行全面规划与设计。据记载,当年都灵城色彩规划过程中,不仅注意了城市建筑与街道、广场的色彩风格统一,而且连一些主要街道和广场的颜色设计也极为细致、丰富。在都灵的旧城复建中,以色彩作为规划手段的做法给人们以启发。后来,这一做法在许多欧洲国家的城市规划中被使用,成为景观色彩规划的开端。

20世纪70年代,国际色彩顾问协会(IAA)主席法兰克·马汉克先生(FrankMahnke)在他的《色彩,环境和人的反应》(Color, Environment and Human Response)一书中,提出"色彩体验金字塔"的概念。色彩体验金字塔强调"看见"色彩的过程不是一个简单的视觉过程,而是一个复杂的体验过程。它可表示为:对色彩刺激的生理反应→潜在无意识→有意识的象征和联想→文化影响和独特风格→时尚、潮流和风格的影响→个体体验。

在瑞士色彩学家约翰内斯·伊顿的"主观色彩特征"的启示下,20世纪80年代初美国人卡洛尔·杰克逊(Karel Jefferson)提出了色彩四季理论,该理论迅速风靡欧美。色彩四季理论把人眼可以看到的750万—1 000多万种颜色按基调的不同进行冷暖划分,进而形成四组色彩群。每一组色彩群的颜色刚好与大自然四季的色彩特征相吻合。这四组色彩群分别被命名为"春""秋"(为暖色系)"夏""冬"(为冷色系)。色彩四季理论自问世以来,因其科学性、严谨性和实用性而具有强大的生命力。该理论用最佳色彩显示了万物与自然界的和谐之美。

1989年,法国著名色彩学家让·菲利普·朗克洛从色彩调查开始,提出了"色彩地理学"的概念。他认为:一个地区或城市的色彩,会因为其在地球上所处的地理位置的不同而大相径庭。这既包括了自然地理条件的因素,也包括了不同种类文化所造成的影响,即自然地理和人文地理两方面的因素共同决定了一个地区或城市的色彩。

20世纪80年代,英国伦敦市政府曾聘请米切尔·兰卡斯特为泰晤士河进行色彩规划与设计。在兰卡斯特的设计中,泰晤士河沿岸各个节点的色彩规划都与城市的整体色彩方案相协调。与此同时,他鼓励居民和开发商在大的色彩规划框架里,自主地选择一些较为个性化的色彩表达方式。经过改造后的泰晤士河两岸的色彩环境不仅统一和谐而且千变万化,是整个伦敦市色彩环境改造中最为成功之处。

现在,发达国家都已把景观色彩设计纳入整个城市规划之中,积极采用先进色彩理念,尽可能消除城市景观发展中的色彩污染和色彩趋同现象。国外城市景观色彩研究概况详见表2.1。

表 2.1 国外城市色彩规划研究一览表

国家	时间	城市/地区	色彩规划项目
意大利	1800—1850 年间	都灵	市政府委托当地建筑师协会对全城色彩进行了全面规划与设计。1845年,建筑师协会向公众发布了近50年的研究和实践成果——城市色彩图谱。这些色彩都被编号,以此作为房主和建筑师协会成员进行房屋重新粉饰的参考。这项城市色彩计划被列入正式的政府文件
法国	1978 年	都灵	都灵理工大学乔瓦尼·布里诺教授主持了该市的色彩风貌修复工作。
	1961 年和 1968 年	巴黎	法国巴黎规划部门完成了对大巴黎区规划的两次调整,巴黎的米黄色基调就是形成于该时期
日本	1970—1972 年间	东京	市政府出资委托日本色彩研究中心对东京进行了全面的色彩调研,形成(东京色彩调研报告)。在此基础上诞生了世界上第一部具有现代意味的城市色彩规划——《东京城市色彩规划》
	1976 年	宫崎县	开展关于建立(与自然协调的)色彩标准的研究
	1978 年	神户	颁布《城市景观法规》规定城市色彩的运用
	1978 年	广岛	成立了"管理指导城市色彩的创造景观美的规划委员会"

续表 2.1

国家	时间	城市/地区	色彩规划项目
日本	1980 年	川崎	市政府为该市重要地区——海湾工业区制定了川崎海湾地区色彩设计法规,并规定该区域的建筑每 7 至 8 年重新粉刷一次
	1981 年和 1992 年		日本建设省于 1981 年和 1992 年分别推出了"城市规划的基本规划",以立法的形式提出了《城市空间色彩规划》法案。规定色彩专项设计作为城市规划或建筑设计的最后一个环节,必须得到由专家组成的委员会的批准,整个规划或设计才能生效、实施
	1994 年	立川	色彩设计家吉田慎吾主持了该市法瑞特区的色彩规划,确定了一套安静、中性的复合色谱作为实施方案。
	1995 年	大板	在大阪市役所计划局和日本色彩技术研究所的共同合作下,制定了《大阪市色彩景观计划手册》,为大阪市的色彩建设提出了指导性的条例和建议、规范和控制了建筑的色彩设计
	1998 年	京都	成立了公共色彩研究课题组,对该市的广告、路牌宣传栏等内容进行了专题调查与研究
	2004 年		日本通过了《景观法》,以法律的形式规定城市的建筑色彩及环境

续表 2.1

国家	时间	城市/地区	色彩规划项目
英国	1980 年	伦敦	英国环境色彩设计师米切尔·兰卡斯特为泰晤士河两岸进行了色彩规划与设计,取得了突出的成就
挪威	1981 年开始,20 世纪 90 年代末结束	朗伊尔城	挪威朗伊尔城委托挪威卑尔根艺术学院教授哥瑞特·斯麦迪尔进行规划和设计,近 20 年的城市色彩规划使这个靠近北极地区、以煤矿业为主的不起眼的小城,一跃成为挪威重要的旅游城市
德国	1990—1993 年间	波茨坦 Kirchsteigfeld 地区	瑞士色彩学教授维尔纳·施皮尔曼负责主持了德国波茨坦 Kirchsteigfeld 地区的城市色彩规划。遵循德国特有的中明度和中纯度暖色调的建筑色彩传统,将沉稳的氧化红色系和褚黄色系定位为城市主色调,灰色系、白色系作为城市辅助色系,蓝色系则充当了点缀色。得到了大多数 Kirchsteigfeld 居民和造访者的积极评价和肯定

(二)国内概况

我国历史悠久,文化丰富。在色彩学方面,早在 2 500 年前就建立了五色体系,是世界历史上最早的色彩体系,早于西方千年以上。到了汉代,阴阳五行学说盛行。青、赤、黄、白、黑五种颜色被视为正色,与五行对应起来,即赤色代表火,黄色代表金,青色代表水,白色代表土,黑色代表木。不仅如此,这五种颜色还象征着季节甚至动物:青色象征春季,指青龙;赤色象征夏季,指朱雀;黄色指黄龙;白色象征秋季,指白虎;黑色象征冬季,指玄武。这五种颜色的象征性进一步与"堪舆""风水"结合起来。应用到建筑选址、平面布置、立面处理等工程实践之中。至明清时期,宫廷建筑色彩已是五彩斑斓。皇城建筑中,高明度的灰色大量应用于建筑室内外,洁白的汉白玉栏杆立在灰色地面上,色彩艳丽的建筑在黑与白的衬托下极为和谐。

我国传统城市色彩虽未有法规约束,但在历史上也形成了一些体现地方特色的固有色彩。北京的皇家建筑紫禁城,顶部是黄色琉璃瓦,墙是红色,基座是白色,鲜明而煊赫的色彩显示了皇家的风范与威严;普通老百姓的四合院,则一律灰砖青瓦,淡雅古朴。

1991—1993 年,北京市建筑设计研究院提出了"我国传统建筑装饰、环境、色彩研究"课题。他们对北京、西藏、广西、皖南、海南、新疆 6 个地区的传统建筑色彩应用特点进行了系统研究,获得了大量第一手材料。这是我国建筑色彩史上第一次开展的大规模的与色彩相关的学术研究活动。

1998 年,中国美术学院承担了深圳华侨城欢乐谷建筑与环境色彩设计任务。这是中国建筑史上第一个具有明确景观色彩意义的设计。为了改善色彩状况,北京市于 2000 年颁布了《北京建筑物外立面保持整洁管理规定》。《规定》要求,"外立面色彩主要采用以灰色调为本的复合色,以创造稳重、大气、素雅、和谐的城市环境"。北京的色彩控制规划以紫禁城为中心,环状向外扩展。颜色由紫禁城的朱墙碧瓦向民居的灰墙青瓦,再向现代建筑的浅灰、白色过渡。2006 年,北京市又提出了彩色北京、五色之都的设计方案,分别为东紫、南绿、西蓝、北橙、中灰色,意与奥运五色相对应。

除北京外,国内不少城市,如哈尔滨、武汉等,都制定了与城市色彩或城市景观色彩相关的法规。近些年,城市色彩或景观色彩研究在我国得到了较大发展。不少学者对城市色彩或城市景观色彩进行了研究,取得了可喜成果(见表2.2)。

表 2.2　国外城市色彩规划研究一览表

色彩规划类型	城市/地区	色彩规划项目
强调城市主导色的城市色彩规划	北京	2000 年,北京出台了《北京市建筑物外立面保持整洁管理规定》,以灰色调为本的复合色被定为建筑物外立面的推荐色,此后城八区新建的建筑物在做设计方案时,均须加入外立面色彩设计的内容
	哈尔滨	2002—2004 年,哈尔滨工业大学规划设计院负责哈尔滨城市的市色彩规划,将"米黄+白"作为哈尔滨的城市色彩基调
	南京	2004 年,南京召开了城市色彩建设研讨会,专家就南京城市主色调进行了讨论并征询市民意见,最后浅绿色成为支持比例最高的城市色彩基调
	西安	2005 年,西安规划部门将灰色、土黄色、储石色为主的色彩体系定为城市建筑主色调
	烟台	2006 年,烟台市委托天津大学规划设计院进行烟台市风貌规划暨整体城市设计,市规划局据此制定了《烟台市市区城市风貌规划管理暂行规定》提出以黄色系、暖灰色系及白色为一般城区主色调
	杭州	2006 年,由中国美术学院完成的杭州市城市色彩规划研究,将灰色系定为杭州的主色调,并总结出了"城市色彩总谱",作为今后城市建筑用色的指导

续表2.2

色彩规划类型	城市/地区	色彩规划项目
基于功能分区的城市建筑色彩规划	武汉	2003年,武汉市规划设计研究院进行的城市色彩规划提出按功能分区提供色彩指引的方案。《武汉城市建筑色彩技术导则》对控制和引导武汉城市建筑色彩的技术路线和规范形式做了有益的探索
按照城市空间结构和城市特色区域进行色彩规划	温州	2001年,温州市的整体城市设计确定了中心城区建筑的整体主色调以淡雅明快的中性色系为主辅以冷灰、暖灰色;把中心城区划分成特色区(老城区、中心区杨府新区、过渡区、扩散区)和廊道系统,分别对其提出色彩引导
	重庆	2006年,由重庆大学建筑城规学院承担制定的《重庆市主城区城市色彩总体规划研究》提出暖灰的城市主导色调并实行分区规划:以渝中半岛东部为中心,为橙黄灰;以长江和嘉陵江为界,东北片区为浅谷黄灰,东南片区为浅豆沙灰,西部片区为浅砖红灰;内环高速内外两部分,色彩内浓外淡
	南昌红谷滩	2005年,以红色系为主题的城市色彩景观形象,一种高亮度的暖灰色系为主基调的色彩体系
	宁波镇海区	2004年,中国美术学院色彩研究所负责进行宁波市镇海区的色彩规划。根据当地的景观色彩元素,梳理出整个镇海区的景观特质,提炼出区域的概念色谱
	无锡	2006年,无锡首次对全市54条总长达161 km的主要干道的建筑色彩进行规划,以形成视觉上的整体协调

三、景观色彩构成要素

（一）建筑色彩

1. 建筑色实例

根据色彩理论，占据 70% 以上面积的色彩在画面中成为主色。由此可知，在城市景观色彩中，可以人工控制的主要元素就是建筑。

色彩是可以用来表达感情的最具影响力的工具。色彩和光线增强并强调所使用材料的美感。每种色彩都可以引起肉体和心灵上的反应。色彩可以放大一种情绪体验，可能是消极的，也可能是积极的，这取决于如何在建筑中运用这些色彩。

世界上很多著名的建筑作品都体现了色彩与建筑的完美结合。例如，勒·柯布西耶（Le Corbusier）的巴黎大学城巴西学生公寓。建筑的主体向阳面是均布的凹阳台及其栏板，色彩的运用打破了单调的格局。勒·柯布西耶在凹阳台的顶面、侧墙采用了不同色相、不同明度的高彩度色，黑色顶棚的阳台比白色、黄色的看起来更深远。红色、绿色墙面的阳台也比白色、灰蓝色的显得更宽阔。色彩给人营造了前进和后退的空间感受。1976 年建成的轰动一时的法国巴黎蓬皮杜国家艺术与文化中心，也是色彩与建筑有机结合的一个典型。这个建筑打破了人们惯有的思维模式，没有为人们营造一种安静、肃穆的文化建筑的氛围，而是充分展现"高度工业技术"倾向。外在的建筑形象与内部展出的现代艺术作品相得益彰，建筑色彩起了很大的作用。红色、绿色、蓝色、黄色涂刷在不同管线上，分别代表了交通、供水、空调、供电管线等不同功能系统，真实反映了建筑逻辑，并且是艺术表达的良好载体。

2. 概念及内容

(1)建筑外墙色彩

建筑外墙色彩最能直接体现城市景观色彩。有的城市建筑色彩的主旋律为灰色调。纯度、明度过高的建筑,常因过于刺激使城市显得庸俗混乱,让市民烦躁不安,这样的色彩应该尽量避免使用。心理学调查显示,粉红色最容易使人产生焦躁情绪,通常认为最不适合建筑使用。过于灰暗的颜色易让人产生压抑感,也应慎重考虑。为了避免出现过于高明度、高纯度或者低明度的色彩,很多城市都出台了相应的法规予以限定。2003 年 12 月 11 日起生效的《武汉城市建筑色彩技术导则》中即有相关规定:"区内的城市建筑色彩要求与自身功能、形式、体量相协调,建筑色调原则上不得采用大面积高纯度的原色(如红、黑、绿、蓝、橙、黄等)和深灰色,更不允许高纯度搭配的外观色彩(城市特殊需要警戒和标识的构筑物除外)。"建筑外墙的颜色与建筑材料的颜色密切相关。合理选择材料也是使建筑色彩和谐的重要因素。

(2)建筑屋顶色彩

国内有些城市正在推行屋顶平改坡工程,目的就是要使城市景观第五空间更加丰富多彩。屋顶造型在建筑外观的设计中占了很大的比例,屋顶色彩是城市色彩的重要标志。例如,巴黎优雅的灰屋顶、希腊宁静的蓝屋顶、都灵沉稳的咖啡色屋顶、苏州深沉典雅的黑屋顶、北京故宫辉煌的金黄屋顶等,都在某种程度上代表了一座城市。城市屋顶色彩是塑造城市景观色彩不可或缺的环节。湖北省武汉市在《武汉城市建筑色彩技术导则》中,对屋顶色彩作出了明确规定:"屋顶的色调以较暗的蓝色、橙色、绿灰色为主,以烘托武汉城市'湖光山色'静谧、素雅、清新的山水美。"现在,大多数管理者、设计者都意识到了城市屋顶色彩的重要性,相信未来我国城市景观色彩一定会更加绚丽。

（3）建筑周边环境色彩

建筑本身是一个单体，但是建筑色彩却必须考虑周边建筑的色彩协调问题。

澳大利亚有些城市对建筑色彩与周边环境色彩的关系就有明确规定。有的城市规定，每三幢房屋必须同一色调、同一式样，从而使整个城市既协调统一又色彩丰富。关于建筑周边色彩问题，国内多数城市还未给予足够重视。比如，规划部门对楼盘的建筑色彩能够给出明确的规定，但有时却忽略了邻近的已建成的建筑的固有色彩。

（二）景观色彩的要素

景观色彩是所有色彩要素所共同形成的整体面貌，通过人的视觉所反映出来，对人的心理和生理感知产生影响。色彩设计要体现和谐、以人为本、具有地域特色的原则。景观色彩要素涉及的内容很多，天空、山石、水体、植物、建筑、小品、铺装等都是景观色彩的物质载体。以天空为例，天空是园林景观的大背景，也是流动的画面。天空的色彩变化不断，有时是万里无云，晴空蔚蓝；有时色彩缤纷，蓝、紫、灰、绿、红、橙、黄同时出现。天空的色彩是变幻莫测的，适当地借用，会取得意想不到的效果。植物在景观色彩设计中占主导地位，下面重点介绍景观中植物色彩的构成问题。

景观中的色彩主要来自植物。以绿色为基调，配以色彩艳丽的花、叶、果、干皮等，就构成了缤纷的色彩景观。早春枝翠叶绿，仲春百花争艳，仲夏叶绿浓荫，深秋丹枫、秋菊、硕果，寒冬苍松红梅，展现的是一幅色彩绚丽、变化多端的四季图，给常年依旧的山石、建筑赋予了生机。植物的808种色彩及其多样化配置，是创造不同景观意境空间组合的源泉。

1. 叶色

叶色变化是表现植物色彩的主要方面。

（1）春色叶植物。许多植物在春季展叶时呈现黄绿或嫩红、嫩紫等娇嫩的色彩，在明媚春光的映照下，鲜艳动人，如垂柳、悬铃木等。常绿植物的新叶初展时，或红或黄，犹如开花般效果，如香樟、石楠、桂花等。

（2）秋色叶植物。秋色叶植物是最主要的装扮素材。景观最常用的是火红的秋叶，如枫香、五角枫、柿树、漆树等。部分秋叶呈现的是绚烂的黄色，如银杏、无患子、鹅掌楸、水杉等。

（3）常彩色叶植物。有些园林植物叶色终年为一色，这是近年来园艺植物育种的主要方向之一。常彩色叶植物，可用于图案造型和营造稳定的景观。常见的红色叶系有红枫、红桑、小叶红等，黄色叶系有金叶女贞等，紫色叶系有紫叶李、紫叶桃等。

（4）斑色叶植物。斑色叶植物是指叶片上具有斑点或条纹，或叶缘呈现异色镶边的植物。如金边黄杨、金心黄杨、金边女贞、变叶木等。还有如红背桂、银白杨等叶面颜色具有明显差异的双色叶植物。

常彩色叶植物在景观绿地中可丛植、群植，充分体现群体观赏效果。一些矮灌木在观赏性的草坪花坛中作图案式种植，色彩对比鲜明，装饰效果极强。秋色叶植物和春色叶植物的季相变化非常明显，四季色彩交替变化，能够体现出时间上的更替和节奏韵律美感。如石楠、金叶女贞、鸡爪槭和罗汉松等配植而成的丛植群，随着季节变化可发生色彩的韵律变化，春季石楠嫩叶紫红，夏季金叶女贞叶丛金黄，秋季鸡爪槭红叶如醉，冬季罗汉松叶色苍翠，非常美观。

2. 花色

花色变化是表现植物绚丽多彩、姹紫嫣红的一个方面。植物花色的合理搭配可以构成一幅迷人的图画，它是大自然赐给人类最美的礼物。

植物的花色万紫千红,尤其是草本花卉,花色多样,开花时艳丽动人,犹如绘画中的调色板色彩缤纷。红色的玫瑰、月季、一串红,黄色的迎春花、小苍兰、春黄菊,粉色的福禄寿、八仙花,橙色的金茗菊、万寿菊,绿色的玉簪,白色的白兰花、瓜叶菊,蓝色的风信子紫色的薰衣草等,都是景观中常用的草花。搭配合理,能够创造出宜人的景观。近年来,野生花卉越来越受到人们的重视。比如,北方常见的红色的红花酢浆草、紫色的紫花地丁、黄色的蒲公英、蓝紫色的白头翁等,都被广泛采用。北京在奥运绿化中就大量使用了北京特有的野生花卉。当时列入选择范围的有:紫红色的棘豆、黄色的甘野菊、白色及粉色等多种颜色的野鸢尾、粉白色的百里香、红色的小红菜和以前绿化中已有所应用的二月兰等。

不同花色搭配可营造特殊的视觉效果。冷色为主的植物群放在花卉后部,在视觉上有扩大花卉深度、增加宽度的感受;在狭小的环境中采用冷色调花卉组合,有使空间扩大的感觉。平面花色设计时,冷暖两色的两丛花采用相同的株形、质地及花序时,由于冷色有收缩感,从视觉上看,若想使这两丛花的面积或体积相当,则应适当扩大冷色花的种植面积。

3. 果色

"一点黄金铸秋橘",苏轼把秋橘的果实描述得如同黄金般美好,说明植物的果实色彩观赏性极高。硕果累累、色彩丰富绚烂描述的正是秋季景观。苏州拙政园中的枇杷园,其果实呈金黄色,每当果压树枝时,呈现出一片金黄色调,煞是动人。果实的颜色以红色居多,如石榴、山楂、海棠、水枸子,还有黄色的银杏、南蛇藤、梨、梅、杏,蓝紫色的葡萄、李,黑色的刺揪、五加、鼠李、金银花,白色的红瑞木等。

4. 干色

树干色彩也极具观赏价值,尤其是北方的冬季,落叶后的树干在白雪的映衬下更具独特魅力。白桦林就是以其洁白的枝干、挺拔的树形在北方冬季皑皑白雪覆盖下,给雄浑的北国风光增添了旖旎的色彩,因此白桦也享有"林中少女"的美称。通常情况下,树干颜色多为褐色。少量植物树干呈现鲜明的色彩,易营造引人注目的亮丽风景,如红色的红瑞木,红褐色的马尾松、杉木、山桃,黄色的金竹、金枝槐、山槐,白色的白桦、白皮松、毛白杨、悬铃木,绿色的竹、梧桐,暗紫色的紫竹等。

(三)公共设施色彩

公共设施主要指在公共露天场所为大众提供免费服务的各种设施。通常这些设施属于社会公共资本财产范畴。城市的公共设施水平,可以反映城市的基础设施建设规模,体现居民的生活水平和生活质量。

1. 公共设施的主要内容

(1)交通设施:公交车辆、出租车、街灯、路牌等。

(2)商业设施:书报亭、电话亭、售货亭等。

(3)休闲观赏设施:景观小品、街头雕塑、花坛等。

2. 公共设施色彩设计应注意的问题

(1)注意整体城市景观色彩与局部城市景观色彩的关系。

(2)注重其独有的功能特性,使其易于识别。英国伦敦就将很多公共设施的色彩与交通设施的色彩相统一,路牌、电话亭等色彩统一设计为与公共双层巴士相近的勃艮第红,这种颜色是英国皇家卫队的服装色彩。

应该说,城市公共设施色彩适合中性一些的色调,如黑、白、灰,或者中低明度、中低纯度的颜色,如普蓝、橄榄绿、褐色等。也许这样的色调没有独特的个性,但在整个城市景观色彩规划设计中来说相对比较稳妥。

在公共设施色彩规划与设计上,尽量从系统化的角度去规划和实施。在这方面,应该向法国巴黎学习。在巴黎,整个城市的公共设施都以沉稳、平和、优雅的橄榄绿为主基调,同时配以不同纯度的绿色。这使得各种绿色与巴黎建筑的主体黄色交相辉映,创造出宜人的城市景观色彩。

(四)道路色彩

道路是展现景观色彩的主要元素。美观大方、丰富多彩的道路景观使生活在城市中的人们心情舒畅。道路色彩可以分为两部分:车行道色彩和步行道色彩。

1. 车行道色彩

车行道色彩较为简单统一,这是由于受其材料限制,大多数道路采用的都是黑灰色的沥青混凝土。分道线以白色为主,辅以明亮的警示黄色。有些区域,车行道开始使用带有色彩的地砖。

2. 步行道色彩

步行道主要是指人行道绿地或广场中的休闲道路。步行道与车行道的不同之处在于,其除了组织交通和引导人流外,更加注重景观效果。步行道色彩主要体现在地面铺装上。最常采用的材料就是彩色花砖,根据景观色彩的需要,可以选用红色、青灰色等色彩。

(五)照明色彩

照明分为人工照明和自然照明。在景观色彩的设计中,主要讨论人工照明所产生的色彩关系。夜间景观的展现是靠人工照明来实现的。灯光构成的夜间色彩往往比昼间建筑色彩更为强烈,常常能够营造出色彩斑斓的世界。

夜景是否迷人、能否让人流连忘返,主要是由照明灯光的种类、数量、功能、颜色以及排列组合方式决定的。光源的颜色是通过色温（K）、显色指数来表示的。光源的色表特征为：暖色，K<3 300；中间色 3 300<K<5 300；冷色 K>5 300。广场、街道等景观地域常用的是金属卤化物灯、高压钠灯和荧光高压汞灯。在打造美丽夜景的同时，更应该注意环境保护和节能降耗。

总的来说，城市灯光照明可以分为交通灯光、商业灯光、公共场所灯光和景观灯光。

交通灯光主要指应用于道路、高架路、立交桥、人行天桥、车站、机场和港口等场所照明的灯光。商业灯光是指沿街商店、餐饮和娱乐等公共场所门面为了宣传而采用的霓虹灯、灯箱、电子显示屏及广告射灯。公共场所灯光是指应用于商店、广场、公园的照明灯光。景观灯光是指历史古迹、标志性建筑、重点公共艺术场馆，如北京的天安门、天津的天塔、湖北的黄鹤楼等，所使用的灯光。

关于城市灯光照明，近年来国内许多城市根据自身的实际情况，进行了不少规划和建设。比如天津市，目前已构筑六大景观体系，即：以海河为主体，水绕城转、城在水中的夜景灯光景观体系；以三环、十四射、东南半环路灯为支撑的都市廊道夜景灯光景观体系；以天塔为平台，六大景观区为主视点的立体夜景灯光景观体系；以金街为轴心"十大光团""十条特色街"和 47 条景观路为放射节点的商业旅游夜景灯光景观体系；百余栋公建"里光外透"和 200 栋 15 层以上建筑构成的都市夜景灯光景观体系；以展示天津历史文脉为主题的风貌特色建筑夜景灯光景观体系。

四、景观色彩设计原则

（一）整体和谐性原则

19 世纪，德国美学家谢林（F. Schelling）在《艺术哲学》一书中指出："个别的美是不存在的,唯有整体才是美的。"在景观色彩设计当中,其整体和谐性主要通过景观中的建筑物、绿化、道路、公共设施等构成要素间的相互联系与彼此作用反映出来,而不是简单地叠加。色彩设计,就是要选好景观的主色调、辅助色、点缀色和背景色,形成和谐统一的色彩效果。值得注意的是,无论做何种色彩规划,必须服从城市规划和城市设计所制定的原则和要求。例如一座历史名城,它自身的景观色彩可能已经形成,在进行旧城复原的过程中一定是以其原有景观本色为基础,像法国巴黎的米黄色、阿姆斯特丹的咖啡色等。

(二)地域特色性原则

"一方水土养一方人""淮南为橘,淮北为枳"就是说不同的地理环境气候条件、物产资源,会形成不同的城市景观色彩。正如明清时期,北京皇宫的"红墙黄瓦"和民宅的"青瓦灰墙"形成了鲜明的色彩对比,构成古老北京特有的色彩标志。青岛以"红日黄墙、绿树、碧海、白云、蓝天"享誉国内,构成了海洋味极浓的城市风貌。杭州的白粉墙、黛黑瓦、青石桥以及碧水、绿树,组成了江南水乡水墨淡彩的城市特色。广州的建筑以黄灰色为主色调,衬以紫红的紫荆花、鲜红的木棉花等艳丽的花色,构成了岭南花城的风韵。

北欧地区由于地理位置的特殊性——冬天寒冷、阴霾、漫长,景观色彩设计上多采用暖色系的色彩,如橘红、土红、棕色等温暖的中、低明度和中纯度颜色。地方建筑材料颜色也是决定一个地区景观色彩的主要因素。中国云南西双版纳吊脚楼的颜色就是来源于所用的材料——灰黄色的竹子。

每个国家、城市和乡村都有它自己的色彩,而这些色彩在很大程度上参与组成了一个民族和文化的本体。色彩设计应体现出浓厚的地域特征,展现地方性。

（三）功能合理性原则

景观色彩规划与设计要满足功能的需要。其中包含两层意思：一层指城市自身的整体功能，即定位是文化中心城市、旅游城市还是商业城市等；一层指城市的分区功能，即城市的某个区域的定位是工业中心、商贸中心还是观赏区域等。古往今来，不同的城市因历史、地理等因素的影响都会使其形成特有的城市定位。不同的城市定位和城市规模，势必在城市景观色彩规划与设计上有所不同。如以商业贸易中心定位的中国香港，该区域的城市景观色彩服从于商业目的，五彩缤纷的城市色彩体现了其商业大都市的动感与活力。但对于像巴黎、旧金山、阿姆斯特丹这样的文化名城，假如其城市景观色彩混乱，便会大大损害城市形象。相对说来，欧洲一些旅游小城，其建筑色彩都比较艳丽，给游客留下鲜活的印象；而欧洲的大城市，其建筑色彩都比较淡雅，追求一种宁静的感觉。

五、景观色彩的设计方法

（一）现状调研

1. 自然环境条件

自然环境条件包括气象条件、地域、自然地理特征等。在前面的色彩地理学中曾经阐述过这几方面的内容，因此，这里只是简单回顾一下。

（1）气象条件

气象条件不但是建筑形式及建筑材料的决定因素，而且也是一个区域自然景观的决定因素。气象条件包括很多方面，但与景观色彩有关的主要是气温、云量、日照、降水和湿度。

气温。在调研过程中,需要掌握这个地区的年平均温度,以此作为判定该地区冷暖的依据,从而使其成为城市景观色彩规划与设计中采用冷色调还是暖色调的重要参考数据。

云量和日照。云量和日照这两个自然条件的调研是要知道年平均日照时数和年平均云量,从而掌握地区色彩景观规划的观察条件。

降水和湿度。通过一些指标,如年雨日、年雪日和年雾日的资料,还有雨天、雾天、雪天与晴天的比例,可以了解这座城市大部分时间所处的气候环境。

(2)地域材料

不同地域出产不同的材料,"就地取材"是古往今来世界各国各地普遍使用材料的依据。虽然当今地域材料的使用不再受技术、交通、经济的限制,但却承载着这个地域某种文化和精神的元素。从人文、地质和土壤的条件等各方面来说,建筑材料的选择是体现地域性城市景观色彩的重要因素。

(3)自然地理特征

地理特征在这里是指城市的地貌地形特征。地貌差异对城市景观色彩的影响较大,是丘陵山区还是江南水乡,会对城市景观色彩产生不同的影响。所以现状调研时应尽可能得到更多的信息,通过获取现状照片及仪器测量来积累第一手资料。

2. 人文社会环境

人文社会环境包括很多因素,由于自然地理条件和技术工艺局限而形成的地方建筑材料特点和传统用色习惯,是人文环境中重要的组成部分之一。还有诸如社会制度、思想意识、社会风尚、传统习俗、宗教观念、文化艺术及经济技术等因素共同作用参与形成的色彩传统。

人文社会环境对城市景观色彩的影响主要体现在两个方面:

尊重原有的历史性建筑和尊重该地域的风俗习惯。在调研的过程中,一定要进行实地勘查、资料搜集、拍照,并认真查阅地方文献。

3. 城市景观色彩的构成要素

现状调研包含人工色彩和自然色彩。人工色彩包括建筑、路面桥梁、雕塑、建筑小品、广告牌、路牌、城市标志;自然色彩包括植物、天空、水系和山峦等。

4. 调查方法

调研的基础是城市地图,根据区域或以街道为单位进行调研。对调研对象要进行分类,并注明建筑形态、外檐材料、色彩及配色方式。另外要测试色彩的色相、明度、彩度。通常采用的方法是TOPCONBM-7便携式色彩量度计和美能达分光光度测量仪。但是在实际调研过程中,最简便,最通用的是色卡比较法、拍照法。

(二)明确城市景观色彩规划的定位及制约因素

1. 城市规划原则、城市设计要求和城市及区域的基本性质

一座城市在发展之初就已经有了一个发展规划的总体蓝图。城市景观色彩的规划与设计是城市设计的一部分,需要与城市的规划部门紧密配合。从城市景观色彩规划与设计总体策略的制定,到逐步分级设计,贯彻实施,都需要以城市的总体规划与城市设计的原则为依据。具体开展城市景观调研工作时,走访城市规划部门和相关设计单位,了解城市的性质、规模,城市景观规划设计的目标、原则、要求,是确定相应的城市景观色彩规划与设计思想的基础。

2. 民意调查

城市景观色彩设计的最终目标就是为人服务,是让在这个城市中生活和工作的人们感到舒适,和谐。那么人们的评判就很重要了。这就要求城市景观色彩的设计者将自己的专业知识与大众

的审美情趣相结合,而不是只以自己的主观意识来决定城市景观色彩的趋势。

居民的意见和建议是至关重要的。条件允许时,要进行民意调查。以前是通过发放问卷来做,随着互联网的快速发展,网络调查更加快速便捷。问卷的设计内容包括两部分:一是对现有城市景观色彩的看法;二是对未来城市景观色彩的期望。

(三)建立城市景观色彩数据库并进行分析

1.建立城市色彩现状数据库

通过前面大量的现状调研,首先要对收集到的信息进行整理。可以通过分类、列表的方式,将这些视觉的元素进行记录,建立数据库。数据库通常包括材料的选择。色彩的属性及配色方式、配色比例等数据。

2.对采集的城市色彩样品进行归纳

我国现在进行城市色彩样品归纳分析的主要手段是蒙塞尔色彩体系和中国颜色体系。当运用各种分析手段得到研究色彩相对精确的颜色指数(HV/C)时,便可以利用色彩学的理论知识,从视觉美学的角度对色彩状况和它们之间的配合关系进行分析,从而总结分析出对象的用色规律,得出城市景观的色谱(包括城市景观色彩的主基调色谱、辅助色谱和点缀色谱)。

(四)制定城市景观色彩推荐色谱

城市景观色彩设计的最终目的,是为了能够给城市提出一个城市色彩的总体规划,同时制定一个城市色彩环境色谱,使其符合城市设计、城市规划的总体战略方向。具体来说,城市景观色彩的推荐色谱是以通过色彩样品分析得出的研究对象现状色彩关系的评价结果为基础,以已确立的色彩设计概念为依据,以色彩学的色彩设计原则为手段,最终提出整个城市景观色彩的方案或改进修复方案。

第三节 景观空间设计

一、空间的基础知识

在学习景观空间设计前,首先要对景观空间的基础知识有所了解,知道景观空间是如何界定的,有哪些基本类型。

(一)景观空间

景观空间是相对实体而言的,基本上是由一个物体与感受者之间的相互关系所形成的,是根据视觉确定的。自然界可看作是无限延伸的。自然界中的事物相互限定,就形成自然空间。景观空间是由人创造的、有目的的外部环境,是比自然空间更有意义的空间。所以,景观空间设计就是创造这种有意义的空间的技术在旷野中铺一张放着食品的毯子,立即形成了从原大自然空间中划分出来进行野餐的场地。收起毯子,又恢复了原有的自然场地。两人在雨中同行时,撑开雨伞,伞下产生两个人的天地,收拢雨伞,只有两个人的空间就消失了(见图2.1、图2.2)。

图2.1 野餐   图2.2 雨中

空间的形成,概括地讲是由实体要素在自然空间中单独或共同围合成具有实在性或暗示性的范围。这些实体要素包括一切自然要素和人工要素。自然要素包括植物、水体等。人工要素包括城市建筑、构筑物、街廊设施等。

建筑空间根据常识来说是由地板、墙壁、天花板三要素所限定的(见图2.3)。景观空间可以说是比建筑空间少一个或两个要素的空间。

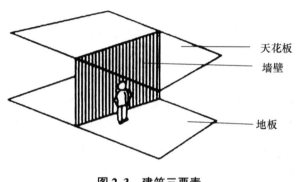

右侧标注(自上而下):天花板　墙壁　地板

图2.3　建筑三要素

(二)空间与实体的关系

景观空间与实体相互依存,不可分割。空间包容渗透实体,实体对空间具有约束性,限定了它的形状、方向。设想一个广场,如果广场内和周围的一切建筑、树木、设施实体都不存在,那么广场也就失去了支撑它的空间。相反,如果广场中塞满了实物,同样也不能构成良好的空间,要创造一个好的空间,就要充分利用景观设计中的各种实体要素,包括建筑、地面、水体、植物、墙面、设施、自然地形等。

景观空间相对实体而言具有不确定性,它不像实体有具体的形态、界面、色彩等,实实在在存在于你的面前。但空间在某种程度上存在着可认知性,人们可以通过对相关环境的认知、判断,来获得相应空间的形状、心理感受等,从而体验它、用语言描述它。人对空间的感觉是通过视觉和心理多层次的综合认识来获得的。

(三)景观空间的类型

景观空间按照不同的分类方式,可以分成不同的空间类型。下面就来简单介绍一下景观设计中常常涉及的空间类型。

1. 根据空间的使用性质分类

景观空间按使用性质大致可分为活动型、休憩型和穿越型三类。

(1)活动型

这种类型的外部空间一般规模较大,能容纳多人活动,其形式以下沉式广场与抬起式台地居多。合肥市的明珠广场为下沉式广场,北京天坛的圜丘则是抬起式的圆台,不同的围合给人以不同的感受,这些都属于活动型空间。

(2)休憩型

这种类型的外部空间以小区内住宅群中的外部空间为多。一般规模较小,尺度也较小。

(3)穿越型

城市干道边的建筑及一些大型的观演、体育场馆建筑,常有穿越型的外部空间,如城市里的步行通道或步行商业街。合肥市淮河路步行商业街和花园街,其间点缀绿化、小品等,既可穿越,也可休息,还可活动,可以说是多功能的外部空间。

2. 根据空间领域的占有程度分类

根据人在社会中的组群关系以及人们对空间领域的占有程度,可将景观空间分为公共空间、半公共空间和私密空间三种类型。

（1）公共空间

顾名思义，公共空间是属于社会成员共同的空间，是为适应社会频繁的交往和多样的生活需要而产生和存在的，如商业服务、集中公共绿地、休闲广场等。景观空间中的公共空间往往是人群集中的地方，是公共活动中心和交通枢纽，有多种多样的空间要素和设施，人们在其中有较大的选择余地。

（2）半公共空间

半公共空间是介于公共空间和私密空间之间的一种过渡性的空间。它既不像公共空间那么开放，也不像私密空间那样独立。如宅间庭院就属于半公共空间。半公共空间多是某一范围内的人群的特有空间，其设计需要有一定的针对性。

（3）私密空间

人除了有社会交往的基本需要外，也有保证自己个人私密和独处的心理和行为需求。私密空间就是要充分保证个人或小团体的活动不被外界注意和观察到的一种空间形式。如居住小区内的住宅就属私密空间。

3. 根据空间的围合程度分类

根据景观空间的围合程度，可将空间分为开敞空间、半开敞空间和封闭空间三类。

空间是由多个界面围合而成的。空间的界面可以是实体，也可以是虚面；可以是开敞的，也可以是封闭的。不同的空间形态满足不同的功能需要。

（1）封闭空间

封闭空间多用限制性较强的材料来对空间的界面进行维护，隔断了与周围环境的流动和渗透，无论是在视觉，听觉和空间的小气候上都具有较强的隔离和封闭性质。封闭空间的特点是内向、收敛和向心的，具有很强的区域感、安全感和私密性，通常也比较舒适。但过于封闭的空间往往给人单调、沉闷的感觉,所以私密程度要求不是特别高时,可以适当地降低它的封闭性,增加其与周围环境的联系和渗透。

(2)半开敞空间

半开敞空间是介于封闭空间和开敞空间之间的一种过渡形态。它既不像封闭空间那么具有明确的界定和范围,又不像开敞空间那样完全没有界定,呈开放状态。

(3)开敞空间

相对封闭空间而言,开敞空间的界面围护限定性很小,常常采用虚面的方式来构成空间。它的空间流动性大,限制性小,与周围的空间无论从视觉上还是听觉上都有适当的联系。开敞空间是向外性的、向外扩展的。相对而言,人在开敞空间环境里会比较轻松、活跃、开朗。由于开敞空间讲究的是与周围空间的交流,所以常常采用对景、借景等手法来进行处理,做到生动有趣。

4. 根据对空间的心理感受分类

从人对空间的心理感受上分类,景观空间可分为静态空间和动态空间两类。不同的空间状态会给人不同的心理感受,有的给人平和、安静的感觉,有的给人流畅、运动的感觉。不同的功能和空间性质可以给人提供相应的空间感受。

(1)静态空间

静态空间是为游人休憩、停留和观景等功能服务的,是一种稳定的、具有较强围合性的景观空间。反映在空间形态上是一种趋于“面”状的形式,空间构成的长宽比例接近,可以是有明确几何规律的方形、圆形和多边形,也可以是不规则的自然式形态。

(2)动态空间

动态空间形态最直观的表现是一种线性的空间形式,可以是自然式或规则的线形所形成的廊道式空间。空间具有强烈的引导性、方向性和流动感,线性空间尺度越狭窄,这种流动感就越强。

二、空间要素及形态

景观空间中包含着很多景观设计元素,可以将它们概括为点、线、面和体。同时,从复杂的空间中,也能够总结概括出单一空间的基本形态。

(一)空间的组成要素

现代景观构成要素多种多样,造型千变万化,这些形形色色的造型元素,实际上可看成是简化的几何形体消减、添加的组合。也就是说,景观形象给人的感受,都是以微观造型要素的表情特征为基础的。景观中的任何实体都可以抽象概括为点、线、面、体四种基本构成要素。它们不是绝对几何意义上的概念,只是视觉感受中的点、线、面、体。它们在造型中具有普遍性的意义。点、线、面、体是景观空间的造型要素,掌握其语言特征是进行景观艺术设计的基础。

点、线、面、体不是由固定的、绝对的大小尺度来确定的,而是取决于人们的观景位置、视野,取决于它们本身的形态、比例以及与周围环境和其他物体的比例关系,还取决于它们在造型中所起的作用等许多要素,是相对而言的。

1. 点

点是构成形态的最小单元,点排列成线,线堆积成面,面组合成体。点既无长度,也无宽度,但可以表示出空间的位置。当平面上只有一个点时,我们的视线会集中在这个点上。点在空间里具有积极的作用,容易形成景观中的视觉焦点。点的形态在景观中处处可见。其特征是相对于它所处的空间来说体积较小、相对集中。如一件雕像、一把座椅、一个水池,甚至草坪中的一棵孤植树,都可看成是景观空间中的一个点。空间里的某些实体形态是否可以被看成点完全取决于人们的观察位置、视野和这些实体的尺度与周围环境的比例关系。点的合理运用是景观设计师创造力的延伸,其手法有自由、阵列、旋转、放射、节奏、特异等。点是一种轻松、随意的装饰元素,是景观艺术设计的重要组成部分。

2. 线

线是点的无限延伸,具有长度和方向性。真实的空间中是不存在线的,线只是一个相对的概念。空间中的线性物体具有宽窄粗细之分。之所以被当成一条线,是因为其长度远远超过它的宽度。线具有极强的表现力,除了反映面的轮廓和体的表面状况外,还给人在视觉上带来方向感、运动感和伸长感。

景观中形形色色的线可归纳为直线和曲线两大类。直线又分为垂直线、水平线和各种角度的斜线;曲线又分为几何形、有机形与自由形等。线与线相接会产生更为复杂的线形,如折线是直线的接合,波形线是弧线的延展等。

线在景观设计中无处不在,横向的如蜿蜒的河流、交织的公路、道路的绿篱带等,纵向的如高层建筑、景观中的柱子、照明的灯柱等,都呈现出线状,只是线的粗细不一样。植物配置时,线的运用最具有特色。要把绿化图案化、工艺化,线的运用是基础。绿化中的线不仅具有装饰美,而且还充溢着一股生命活力的流动美。

3. 面

面是线在二维空间运动或扩展的轨迹,也可以通过扩大点或增加线的宽度来形成,还可被看成是体或空间的界面,起到限定体积或空间界限的作用。

面的基本类型有几何型、有机型和不规则型。几何型的面在景观空间中最常见。如方形面单纯、大方、安定,圆形面饱满、充实、柔和,三角形面稳定、庄重、有力。几何型的斜面还具有方向性和动势。有机型的面是一种不能用几何方法求出的曲面。它更富于流动和变化,多以可塑性材料制成,如拉膜结构、充气结构、塑料房屋或帐篷等。不规则型的面虽然没有秩序,但比几何型的面更自然、更富有人情味,如中国园林中水池的不规则平面、自然发展形成的村落布置等。

随着科技的不断发展,在现代景观设计中运用曲面形式的处理并不鲜见。限定或分隔空间时,曲面比直面限定性更强,更富有弹性和活力,为空间带来流动性和明显的方向感。曲面内侧的区域感较为清晰,并使人产生较强的私密感。而曲面外侧则会令人感受到其对空间和视线的导向性。

在景观空间中,设计的诸要素如色彩、肌理、空间等,都是通过面的形式充分体现出来的。面可以丰富空间的表现力,吸引人的注意力。面的运用反映在下述三个层面:

(1)顶面

顶面即垂直界面顶部边线所确定的天空,是最自然化的界面。当景观空间内多为大乔木时,空间的顶面就由天空变成了植物树冠形成的顶盖。景观空间中自然元素围合的空间虚实相间,顶面与垂直界面交会,形成自然的天际线。顶面可以是蓝天白云,可以是浓密树冠形成的覆盖面,也可以是景观建筑亭等的顶面,它们都属于景观空间中的遮蔽面。

(2)围合面

从视觉、心理及使用方面限定或围合空间的面即是围合面,它可虚可实,或虚实结合。围合面可以是垂直的墙面、护栏,也可以是密植较高的树木形成的树屏,或者是若干柱子呈直线排列所形成的虚拟面等,另外,地势的高低起伏也会形成围合面。

(3)基面

景观中的基面可以是铺地、草地、水面,也可以是对景物提供有形支撑的面等。基面支持着人们在空间中的活动,如走路、休息、划船等。

4.体

体是由面移动而成的,它不是靠外轮廓表现出来的,而是从不同角度看到的不同形貌的综合。体具有长度、宽度和深度,体可以是实体,占据空间,也可以是虚空,即由面所包容或围合的空间。体以尺寸、大小、颜色和质地装饰空间,同时空间也映衬着各种体形。体与空间之间的共生关系可以在比例、尺度等层面上去感知。

体的首要特征是形。形体的种类有长方体、多面体、曲面体、不规则形体等。体的情态是围合它的各种面的综合情态。宏伟、巨大的形体,如宫殿、巨石等,引人注目,并使人感到崇高、敬畏;小巧、亲切的形体,如洗手钵、园灯等,则惹人喜爱,富有人情味。

如果将大小不同的形体各自随意缩小或放大,就会发现它们失去了原来的意义,这表明体的尺度具有特殊作用。景观中,大小不同的形体相辅相成,各自起着不同的作用,使人们感到空间的宏伟壮丽,同时也给人以亲切的美感。景观中的体可以是建筑物、构筑物,也可以是树木、石头、立体水景等,它们多种多样的组合丰富了景观空间。

(二)空间的限定

景观设计也可以说是"空间设计"。目的在于给人们提供一个舒适而美好的外部休闲憩息的场所。景观艺术形式的表达得力于空间的构成和组合。空间的限定为这一表达的实现提供了可能。空间限定是指使用各种空间造型手段在原空间中进行划分,从而创造出各种不同的空间环境。

景观空间是指在人的视线范围内,由树木花草(植物)、地形、建筑、山石、水体、铺装道路等构图单体所组成的景观区域。空间的限定手法,常见的有围合、覆盖,高差变化以及地面材质的变化、设立等。

1. 围合

围合是空间形成的基础,也是最常见的空间限定手法。室内空间是由墙面、地面、顶面围合而成的。室外空间则是更大尺度上的围合体,它的构成元素和组织方式更加复杂。景观空间常见的围合元素有建筑物、构筑物、植物等。围合元素构成方式不同,被围起的空间形态也有很大不同。

空间的围合感是评价空间特征的重要依据。空间的围合感受下述几方面的影响。

(1)围合实体的封闭程度

单面围合或四面围合,对空间的封闭程度明显不同。研究表明,实体围合面达到50%以上时,可建立有效的围合感。单面围合所表现的领域感很弱,仅有边沿的感觉,更多的只是一种空间划分的暗示。在设计中要看具体的环境要求,选择相宜的围合度。

(2)围合实体的高度

空间的围合感还与围合实体的高度有关,当然这是以人体的尺度作为参照的(见图 2.4)。

墙体高度0.4 m时　墙体高度0.8 m时　墙体高度1.3 m时　墙体高度1.9 m以上时

图 2.4　围合实体与人体的关系

图 2.4 为空旷地上四周砌砖墙的实例。墙体高度为 0.4 m

时,围合的空间没有封闭性,仅仅作为区域的限制与暗示,人极易穿越这个高度。在实际运用中,这种高度的墙体常常结合休息座椅来设计。

当墙体高度为 0.8 m 时,空间的限定程度较前者稍高一些,但对于儿童的身高尺度来说,封闭感已相当强了。儿童活动场地周边的绿篱高度,多半采用这个标准。

当墙体高度达到 1.3 m 时,成年人的身体大部分都被遮住了,有了一种安全感,如果坐在墙下的椅子上,整个人还能被遮住,私密性较强。室外环境中,常用这个高度的绿篱来划分空间或作为独立区域的围合体。

当墙体高度达到 1.9 m 以上时,人的视线完全被挡住,空间的封闭性急剧加强,区域的划分完全确定下来。此种高度的绿篱带,也能达到相同的效果。

(3)实体高度和实体开口宽度的比值

实体高度(H)和实体开口宽度(D)的比值在很大程度上影响到空间的围合感。

当 $D/H<1$ 时,空间犹如狭长的过道,围合感很强;当 $D/H=1$ 时,空间围合感较前者弱;当 $D/H>1$ 时,空间围合感更弱。随着 D/H 的比值增大,空间的封闭性也越来越差。

2. 覆盖

覆盖是指空间的四周是开敞的,而顶部用构件限定。这如同下雨天撑伞,伞下就形成了一个不同于外界的限定空间。覆盖有两种方式:一种是覆盖层由上面悬吊,另一种是覆盖层的下面有支撑。

3. 高差变化

高差可以带来很强的区域感。当需要区别行为区域而又需要使视线相互渗透时,运用基面变化是很适宜的。例如,要使人的活动区域不受车辆的干扰,与其设置栏杆来分隔空间,不如在二者之间设几级台阶更有效。如基面存在着较大高差,空间会显得更加生动、丰富。

利用地面高差变化来限定空间也是较常用的手法。地面高差变化可创造出上升或下沉空间。上升空间在较大空间中,将水平基面局部抬高,被抬高空间的边缘可限定出局部小空间,从视觉上加强了该范围与周围地面空间的分离性。下沉空间与前者相反,是使基面的一部分下沉,明确出空间范围,这个范围的界线可以用下沉的垂直表面来限定。

上升空间具有突出、醒目的特点,容易成为视觉焦点,如舞台等。它与周围环境之间的视觉联系程度受抬高尺度的影响。基面抬高较低时,上升空间与原空间具有较强的整体性;抬高高度稍低于视线高度时,可维持视觉的连续性,但空间的连续性中断;抬高超过视线高度时,视觉和空间的连续性中断,整体空间被划分为两个不同空间。

下沉空间具有内向性和保护性,如常见的下沉广场,它能形成一个和街道的喧闹相互隔离的独立空间。下沉空间视线的连续性和空间的整体性随着下降高度的增加而减弱。下降高度超过人的视线高度时,视线的连续性和空间的整体感被完全破坏,使小空间从大空间中完全独立出来。下沉空间同时可借助色彩、质感和形体要素的对比处理,来表现更具目的性和个性的个体空间。

此外,基面倾斜的空间,其地面的形态得到充分的展示,同时给人以向上或向下的方向上的暗示。

4. 地面材质变化

通过地面材质的变化来限定空间,其程度相对于前面几种来说要弱些。它形成的是虚拟空间,但这种方式运用得较为广泛。

地面材质有硬质和软质之分。硬质地面指铺装硬地,软质地面指草坪。如果庭院中既有硬地也有草坪,不同的地面材质呈现出两个完全不同的区域,那么在视觉上就会形成两个空间。硬质地面可使用的铺装材料有水泥、砖、石材、卵石等。这些材料的图案、色彩、质地丰富,为通过地面材质的变化来限定空间提供了条件。

利用地面材质和色彩的变化,可以打破空间的单调感,也可以实现划分区域、限定空间的功能。无论是广场中的一小片水面、绿地,还是草坪中的一段卵石铺就的小路,都会产生不同的领域感。例如,地面铺砌带有强烈纹理的地砖会使空间产生很强的充实感,调节人的心理感受。有时既想将空间有所区分,又不想设置隔断,以免减弱空间的开敞,利用质感的变化可以很好地解决这个问题。比如在广场上将通道部分铺以耐磨的花岗岩石板,其余的部分铺以彩色水泥广场砖。就能达到上述效果。

5. 设立

在空旷的空间中设置一棵大树、一根柱子、一尊小品等,都会占据一定的空间,对空间进行限定。这种限定会产生很强的中心意识。在这样的空间环境中,人们会感到四周产生磁场般聚焦的效果。

对空间进行限定,通常是多种方法的综合运用。通过对空间多元多层次的限定。丰富多彩的空间效果将会充分体现出来。这将满足空间的不同使用性质、审美特点以及地域特色等千变万化的需要,使景观空间更加舒适、丰富、和谐。

(三)空间形态的构成形式

景观空间是一个有机的整体,大多数情况下,景观空间都是通过水平要素和垂直要素的相互组合、作用而形成的。根据构成方式的不同,可将景观空间划分为"口"形、"U"形、"L"形、平行线形、模糊形、焦点形等不同的形式。

1. "口"形空间

"口"形空间为四面围合的景观空间,能界定出明确而完整的空间范围。这样的空间具有内向的品质,是封闭性最强的景观空间类型。要创造一个有效的、生动的外部空间,必须有明确的围合。人们对围合空间的喜爱,出于人类原始的本能,出于围合所产生的安全感。古代埃及园林完全封闭的空间结构,就是为了抵御恶劣的自然环境。城市中的绿地经常采用封闭的栽植结构以隔离喧闹的城市环境。景观中不同的使用区域,如儿童游乐区、露天剧场等,均需要通过完全封闭的围合形式来形成各自独立的空间。

2. "U"形空间

"U"形空间为三面封闭的景观空间,能限定出明确的空间范围,形成了一个内向的焦点,同时又具有明确的方向性,与相邻的空间产生相互延伸的关系。在景观空间的设计中,完全围合的空间常使人感觉过于封闭。英国景观设计师克莱尔·库珀(Clair Cooper)对公园植物空间研究后发现,人们寻求的是部分围合和部分开放的空间,"别太开放,也别太封闭"。在景观中,草坪空间的形成经常采用"U"形的空间形式。

3. "L"形空间

"L"形空间为两面封闭的景观空间,在转角处限定出一定的空间区域,具有较强的空间围合感。从转角处向外运动时,空间的范围感逐步减弱,在开敞处全部消失。空间具有较强的指向性。利用这种空间围合模式,可以形成局部安静、稳定的景观空间,又可将人的视线引导到其他区域,形成良好的对景关系。

4. 平行线形空间

平行线形空间为一组相互平行的垂直界面,如景观建筑、墙体、绿篱、林带等,所围合形成的景观空间。空间的两端开敞,形成向两端延伸的趋势,使空间具有较强的方向性。

5. 模糊形空间

模糊形空间是指在景观环境中景观组成元素散置,如树丛、散植树等,所形成的景观空间环境。一些边缘性空间、亦此亦彼的中介性的空间领域也属此类。在英国的自然风景园和东方的园林中,经常存在着模糊形植物空间的形态,植物空间在边角处流动,暗示着空间的无限延伸。

6. 焦点形空间

焦点形空间是指景观中的雕塑、建筑、孤植树等所标志的空间。焦点形空间集中、无方向性,是空间中的视觉焦点。空间中景观组成元素数量不同,所表现出来的空间意义差别也很大。一个景观元素位于空间的中心时,将围绕它的空间明确化。景观元素位于空间非中心位置时,能增强局部的空间感,但减弱了空间的整体感。

三、空间视觉要素的设计

景观设计的完成,需要由平面构思向立体空间转化。在这个过程中,需要对空间的各个要素进行考虑,以便这些要素组合在一个空间内时,能更好地展现空间所要表达的意图。

(一)点的设计

点在空间中具有集中和控制作用。对空间中点的设计,有两点是尤为重要的。首先是点的形态设计。焦点(或节点)是空间中重要的景观因素,要与其他环境要素有明显的差别。无论是大小、形状、色彩、质感,都要与周围环境形成强烈对比。其形态必须突出,或者形体高耸,或者造型独特,或者具有高度的艺术性,或者采用动态形式,或者经过重点装饰,色彩醒目。总之,这些点必须引人注目。其次是点的位置的选择。一般将点的位置设置在空间的几何中心或视觉中心。如人流汇聚或方向转换节点处,目的是使焦点(或节点)成为环境中的情趣中心,从而对空间形态的构成发挥更大的作用。

空间中的焦点是表达空间形态构成的重要语言。景观中,空间的焦点是那些容易吸引人们视线的景观要素。各种景观要素,如水景(喷泉)、雕塑、小品、花木等,都可以产生点的效果,成为空间中的焦点。这种点的效果通过背景和周围参照物而表现出来。通过对焦点的注视,可增强对整个空间形态的理解。焦点居于空间中央时,易使整个空间产生向心感;位于空间的一端时,能在空间中产生方向性。

节点是流线交叉的会聚点。对于边界明确的空间来说,节点一般位于空间几何构图中心。节点的位置不同,可以产生不同的效果。焦点不在节点的位置,会造成一种空间开阔或局促的感受;焦点与节点合为一体,则使该点的控制性大为加强,并可实现不同空间的连接和转换。

(二) 线的设计

线的设计应该注意线边界的清晰、硬朗,这样才能使线的形态更加突出。线的边界模糊不清,就不会吸引人们的注意力,达不到设计的预想意图。

线具有方向性、流动性和延续性,在三维空间中能产生空间深度和广度。景观设计中,常常利用线的各种特性来组织空间,引导游览的视线。空间的线首先刺激人的视觉感知,然后利用人对未知事物的好奇心理和对新空间的某种期待,向人暗示它所延伸的方向。线具有十分强烈的纵向延伸性,在引导人流方向上具有重要作用。最典型的例子是中国古典园林中的游廊。园路、桥、墙垣、花架等都具有引导与暗示的作用。

此外，在空间中，线条还具有柔化的作用。在充满直线条的空间环境中，如果用曲线来打破这种呆板的感觉，会使空间环境更具亲切感和人性魅力。即使没有条件创造曲面空间，通过曲线条的景观设施造型、曲面的墙体划分、曲线的绿化或水体等，也都能不同程度地为空间环境带来相应变化。曲线能给人们的视觉带来质或量的冲击。直线和曲线同时运用会产生丰富变化的效果，具有刚柔相济的感觉。当然，曲线的运用要适可而止、恰到好处，否则会产生杂乱无序之感，矫揉造作之态。

（三）面的设计

面是空间中最重要的景观要素。无论什么样的空间，面都是存在的；没有面的存在，就不会有空间的存在。对于空间中面的设计，重点介绍底面、顶面和垂直面三种。

1. 底面

底面的大小对想要达到的功能具有限定作用。底面本身的地势、形态会对人的感受产生本能的影响。比如，地面的高低起伏、场地的形状，都可以为景观要素所要表达的意境提供表现平台。底面材质的区分使用，可将不同的功能组合在一起，实现需要的功能。比如，道路规划中，底面不同的材质代表了功能的不同。沥青是车行道，泥土是绿化带的象征，彩色的方砖则代表该区域是步行道。

底面设计必须掌握一个原则，就是尽量不破坏场地本身的面貌，而是依据原始的场地条件，去设计功能，配置合理的方案。这样做，设计方案会更有韵味，所有景观都会融入大环境之中。

2. 顶面

在景观设计中,顶面的作用往往被忽视。抬头仰望茫茫的天空。其边际的延伸与近处的树冠连接在一起,让人觉得非常惬意。如果没有这近处的枝冠,人们会感觉缺少了些什么。仔细想想,在亲切舒适的环境里,必然有一个亲切的顶面。在天空不适合做顶面的情况下,需要做一次顶面控制及顶面围合。顶面围合的形态、高度、特征以及围合的范围,会对该空间产生明显的影响。

底面相同时,不同的顶面对整个空间尺度的影响以及给人的心理感受是完全不一样的。比如在某一区域,在较低矮的顶面下活动时,人只能蹲下交谈,而且也觉得比较压抑。在同样的区域里,如果顶面的高度适宜,人们的谈话活动就能拥有一个相对轻松融洽的氛围。但是,如果顶面过高,在某种程度上就失去了它作为顶面的意义,对人的心理和行为活动没有了太大的影响。

顶面对空间特性的影响,主要是其光影效果。光的特性可以从几个方面来说明:色彩上,光线可以是任何颜色;强度上,可以从黯淡、柔和到明亮、耀眼、刺目;光线的运动上,可以是直射、反射、漫射、跳跃、闪烁等;光的意境上,可以是神秘的、冰冷的、温暖的、让人放松的、让人紧张的……所有这一切,都需要在处理顶面时运用不同的材料和手段,以达到所要表达的效果。顶面处理时,要注意尽量保持顶面的简洁。对于顶面,更多的是去感受而不是观看。

3. 垂直面

一个空间的分隔、围合、背景,通常是由垂直面来完成的。垂直面是最容易把握的,也是最显眼的。在创造景观空间时,垂直面非常有用。

通过对垂直面的处理,可以达到预想的设计效果。比如,可以运用垂直面把影响整个空间氛围的要素隐藏起来。展现场地内想要展现的要素,也可以通过垂直面增强空间内景观的立体感、层次感。

垂直面在空间里的作用不单单是提供屏蔽、背景、庇护、包容,它同样也可以成为景观空间的决定性因素。单独出现的垂直要素在大小和形式上必须与空间的尺度相适应,才能起到丰富、强化空间特点的作用。单独出现的垂直要素要想成为空间的主导,其背景就应该衬出这个垂直要素的特点。空间与空间所围合的垂直要素是一个整体。在这个整体中,重要的不是垂直要素和空间本身,而是两者之间的距离变化关系。比如,把一个物体置于一个形状多样的空间内远离中心的位置时,可以起到强化这个物体几何形体的作用,形成空间内物体与空间之间的动态关系。进行设计时,特别是多个物体存在于同一个空间内时,应该特别注意物体之间的关系以及物体与围合它的垂直面之间的关系,使整个空间所要表达的主题突出,不至于混乱。

垂直面可以作为一个空间的主导要素,对营造空间小环境有着重要的作用。垂直面对空间内的温度、声音、风的走向等要素的控制作用也是显而易见的;风可以被垂直物阻挡、减弱、疏导,垂直物可以使微风导向那些潮湿的角落;垂直物的存在,可以使空间内阳光产生变化,以至影响空间内的温度;在阳光的作用下,垂直物阴影的跳动、闪烁也可让空间变得更加有趣。

(四)体的设计

景观设计中的体,主要指景观建筑、服务性建筑以及各种形式的构筑物,甚至包括体量大些的雕塑、小品。"体"的设计,首先,要注意"体"与空间环境间的比例关系。根据设计意图和使用功能,体量必须适宜,否则就会使人对空间大小的感觉有所不同,如"以小见大"和"以大见小"就是这个原理。其次,还要注重空间中"体"的风格和形式。景观设计风格各异,形态万种。不同风格的景观环境,需要与之相协调的景观"体"的出现。风格对比太突出,就会给人造成混乱的感觉。最后,就是要注重"体"的色彩运用。不同的设计意图对"体"的色彩选择也会有所不同。为突出空间中的体,一般可选择明亮的色彩,甚至可以与空间的整体色彩形成对比。否则,应尽可能地选择中性色,达到与周围环境相协调的效果。

(五)空间色彩设计

中国古代的空间色彩理论是一种寻求与自然相融合的理论。任何空间色彩的选定,无论是室内还是室外,底面都被处理成大地的颜色,如泥土、石头、落叶等。让人联想到水面的淡蓝色或者蓝绿色,一般不作为底面的颜色。墙和顶棚一般选择像树干那样的棕色、深灰色。背景墙颜色一般选择能表达幽远景象的色调。天花板的颜色主要是天蓝色、水绿色或柔和的灰色,因为这些颜色能让人联想到缥缈的天空。

色彩的冷暖、远近、胀缩感使色彩空间成为设计中最具活力的关键要素。色彩的远近感和胀缩感在空间营造时非常有用,明度高、彩度强的暖色有前进感和膨胀性,而明度低、彩度弱的冷色则有后退感和收缩性。利用这样的特性,有助于调整景观空间的大小。

空间是分层次的,色彩对空间的层次有很大影响。色彩关系随着层次的增加而变复杂,随着层次的减少而简化。不同空间层次之间的色彩关系,可以分别考虑为背景色和重点色。背景色常作为大面积的色彩,宜用灰色调;重点色常作为小面积的色彩,宜采用高纯度色彩或与背景形成明度对比的色彩,使背景色与主体色形成强烈而统一的视觉对比。在色调调和上,可以采取重复、韵律和对比等方式来强调和协调景观环境中某一部分的色彩效果。

通过色彩的重复、呼应、联系,可以加强色彩的韵律感和丰富感,使色彩在空间设计中达到多样统一,统一中有变化,不单调、不杂乱,色彩之间有主、有从,有中心,形成一个完整和谐的整体。不同色彩在不同的空间背景上所处的位置,对景观空间的性质及心理知觉和感情反应的形成都会产生一定的影响。

空间色彩理论有很多,但总体上可以划分为两种:一种是使整个空间色彩围合,形成一种中立性,用黑、白、灰三色突出空间中的其他事物。例如,空间的色彩用中性的,空间中的道路、景观小品、设施等元素可以为其提供丰富的色彩,使空间生动起来。另一种就是整个色彩围合的空间有一个基调,这个基调能带给人们一种情感的反应,空间内所有事物都会受到这一基调的影响。这种设计是以强调空间主导色为目的的,空间中其他景观设施、小品的色彩作为衬色或对比色,用来突出空间的色彩基调。

空间色彩设计在景观设计中的运用,可以概括为以下三个方面:

1. 丰富空间

有时为了达到某些特定的使用功能,如集会、健身等,空间设计简洁、尺度大,空间显得单调、呆板,如大面积的地面、宏大的墙体或者植物围合体等。合理运用色彩就可以改善空间比例,增加空间层次,丰富空间内容,以弥补、完善空间形态的不足。

2. 强化造型

从色彩的明度看,明色具有膨胀性,看起来距离较近,暗色具有收缩性,看起来距离较远。可以利用色彩明暗所造成的进退感,来强化空间中重点构筑物的景观设施的造型和形体空间,传达设计者所要表达的主题和意境。通常的做法就是将需要强调的部分设计成明度高的暖色色彩,将其他部分设计成明度低的冷色色彩。通过色彩反差,强调突出部分,加强吸引力。

3. 纯净结构

通过归纳、概括,色彩可以对空间的外部形态和内部元素进行纯化。空间中,起装饰作用的构筑物、景观设施等过于复杂,造型显得凌乱时,可以利用一两种色调为基本色,对整个空间构成要素进行归纳、整理,纯化为单纯的结构关系,使之获得和谐统一的美学效果。

第三章　园林景观各要素的表现与设计

第一节　园林地形的表现与地形设计

一、地形的功能

（一）景观功能

地形直接联系着园林内的众多环境因素和功能作用。构成其他景观要素布局的依托和载体，有着极为重要的景观作用。如植物、水体、建筑物和构筑物等要素的布局与设计很大程度都依赖于地形，并相互联系。

地形造景设计便于营造多种景观空间，有助于障景（screenview）、借景、夹景、抑景等多种造景手法的应用；利用地形高低起伏的自然变化可以给人们提供可游可赏的参与性空间，创建适合公园活动的多种娱乐项目。丰富空间的功能构成，并形成建筑所需的各种地形条件；为了不同特性的空间彼此不受干扰，可利用地形有效划分和组织空间，控制和引导人的流线和视线。影响导游路线和速度，组织空间秩序，形成景观空间序列，进而丰富整个游览过程的空间感受。

（二）生态功能

1.营造宜人小气候条件

地形经适宜改造后,产生地表形态的丰富变化。形成了不同方位的坡地,对改善园内的小气候产生积极的作用。地形的合理塑造可形成充分采光聚热的南向地势,从而使景观空间在一年中的大部分时间,都保持较温暖和宜人的状态。选择园中冬季寒风的上风地带堆置较高的山体,可以阻挡或减弱冬季寒风的侵袭;可利用地形来汇集和引导夏季风,改善通风条件,降低炎热程度。在夏季常年主风向的上风位置营造湖泊水池,季风吹拂水面带来的湿润空气,对微气候的影响较为明显。(见图3.1)

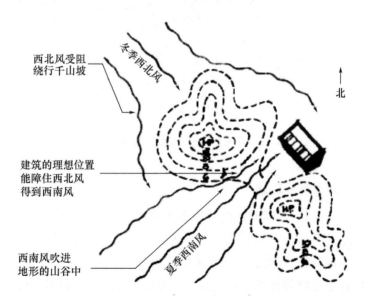

图3.1　地形用于使建筑得到风和障去风的效果

2.创造良好排水条件

在公园绿地等景观环境的排水设计中,依靠自然重力即地表面排水是排水组织的重要组成部分。地形可以创造良好的自然排水条件。地形与地表的径流量、径流方向和径流速度都有着密切的关系。地形过于平坦不利于排水,容易积涝;地形起伏过大或坡度不大但同一坡度的坡面延伸过长时,又容易引起地表径流、产生坡面滑坡。因此,创造一定坡度和坡长的地形起伏,合理安排地形的分水和汇水线。使地形具有较好的自然排水条件,对于充分发挥地形排水作用非常重要。(见图 3.2)

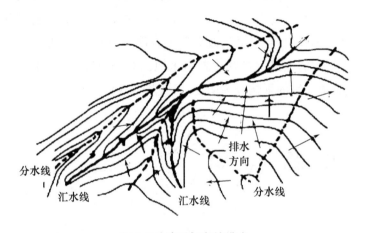

图 3.2　地形与自然排水

3. 改善种植环境

高低起伏、错落有致的地表形态较之平地或斜坡地,地表表面积和土壤容量会有明显的增加。因此,加大地形的处理量能有效增加绿地面积,还能为植物根系提供更为广阔的纵向生长空间,进而提高了植物的种植量和成活率。地形处理所产生的不同坡度特征能够形成干、湿以至水中、阴、阳、缓坡等多样性环境基础,为园内各种不同生活习性的植物提供了适宜的生存条件,大为丰富了园内的植物种类。结合地形的种植设计会令景观形式更加多样,层次更为鲜明,不但能更好地美化和丰富园林景观,而且还有利于在园林内形成结构合理、稳定的植物群落,实现良好的景观生态格局。植物有了良好的生长状态和生存空间,才可更好地发挥其调节温度、提高湿度、净化空气以及保护环境等多种生态效益。

二、地形、山石的表现

(一)地形的表现

地形的表现主要分为平面表现、剖面表现及透视表现。用手绘透视甚至是鸟瞰图来表现地形是比较困难的,计算机的表现为人们提供了另外一个思路。当然也可以将透视与剖面相结合,综合表现。

1.平面表现

平面的表现主要是高程标注法、等高线法(见图3.3)。等高线表现可以用线条与明暗色彩相结合。

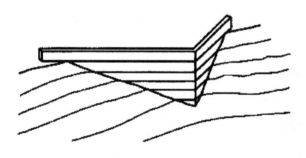

图 3.3 等高线法

2.计算机绘图表现

三维计算机辅助设计与建模程序能够建立一个三维的场地模型。一种建模方式是创建一个三维的场地模型;另一种建模方式是创建一个层级阶梯状的模型,能够看到等高线及其间距;还有一种建模方式是建立一个弯曲的表面或者由多边形(通常是三角形)构成的网状底纹(见图 3.4)。

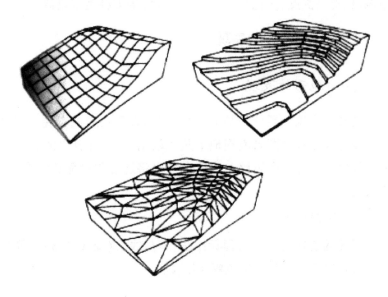

图 3.4　计算机三维场地模型

3. 剖面表现

地形剖面表现如图 3.5 所示。

4. 综合表现

透视结合剖面表现,表面地形情况一目了然。图 3.5 表达了高尔夫球场中的地形起伏情况。透视与剖面的结合表达了地面与地下两方面的情况。

(二)山石的表现

描绘山石时,主要在于线条的组织与表现。依据山石的体量形状,或稳重,或刚毅,或棱角分明,或圆滑厚重。

图3.5　高尔夫球场剖面与透视相结合表现

　　表现山石时注意体现出山石的坚硬与棱角分明,明确山石的结构,体现山石的体积感。

　　石头总是与水和草地等其他要素相互映衬,紧密相连。水边的石头形态扁圆,大小不一。石头的表现要圆中透硬,在石头下面加少量草地以衬托效果。石头不适合单独配置,通常成组出现。要注意石头大小相配的组群关系。山石的表现如图3.6—图3.9所示。

图3.6　山石的表现(1)

续图 3.6

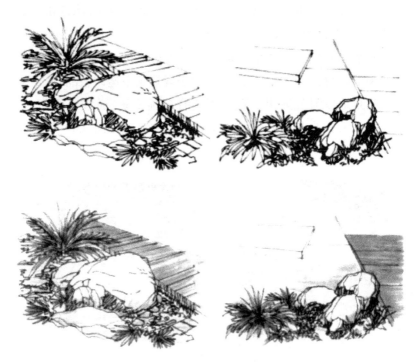

图 3.7　山石的表现(2)

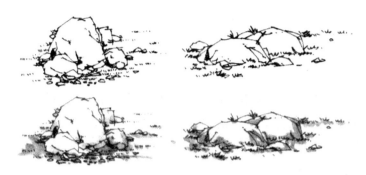

图 3.8 山石的表现(3)

图 3.9 山石的表现(4)

三、地形山石的设计

(一)地形设计的主要方法

地形设计包括平地造山及坡地改造两种情况。"横看成岭侧成峰,远近高低各不同",是对山的形态的真实描述,也是人们对地形设计的要求。

1. 平地造山

平地造山有两种方法,一种是从山顶到山脚的设计方法(见图3.10);另一种就是从山脚到山顶的设计方法(见图3.11)。前者是先绘制山脊线,再逐步从制高点到山脚线绘制;后者是先绘制山脚线再绘制制高点。

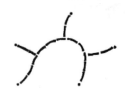

步骤1:绘制山脊线

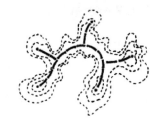

步骤2:绘制顶部部分等高线 (等高线1 m)

步骤3:绘制全部等高线

步骤4:标记高程,最终完成

图3.10 由山脊线开始绘制地形

步骤1：从山脚线起绘制

步骤2：继续向山顶绘制

步骤3：最后绘制山脊线

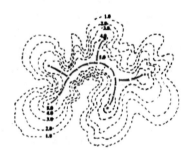

步骤4：标记高程，最终完成

图 3.11　由山脚线开始绘制地形

2. 坡地改造

不同功能的场地所处的最大坡度各不相同。坡地改造是根据已有坡地，考虑设计的需求。如坡地建房，房脚处需要相对平坦，这就需要改造地形。绘图时需要区别已有地形与设计地形的区别，可分别用实线与虚线表示（见图 3.12）。

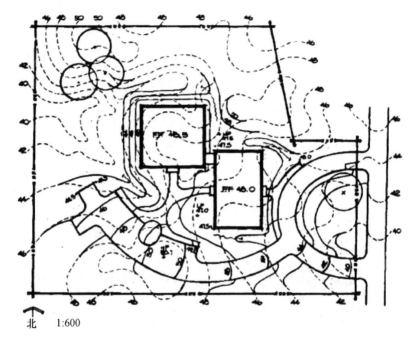

北 1:600

图 3.12 现状等高线与设计等高线分别用实线与虚线表示

(二)地形营造设计的要点

1. 分隔空间

利用地形可以有效地、自然地划分空间,使之形成不同功能或景色特点的区域。在此基础上再借助于植物则能增加划分的效果和气势。利用地形划分空间应从功能、地形条件现状和造景几方面考虑。它不仅是分隔空间的手段,而且还能获得空间大小对比的艺术效果(见图 3.13)。

利用地形划分空间可以通过如下途径:

(1)对原基础平面进行挖方降低平面。

(2)在原基础上添加泥土进行造型。

（3）增加凸面地形上的高度使空间完善。

（4）改变海拔高度构筑成平台或改变水平面。

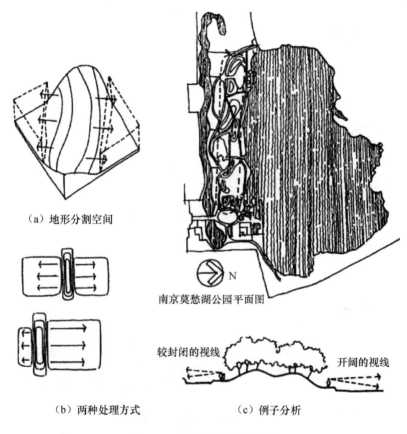

（a）地形分割空间

（b）两种处理方式

南京莫愁湖公园平面图

较封闭的视线

开阔的视线

（c）例子分析

图 3.13　利用地形分隔空间

　　当使用地形来限制外部空间时,空间的底面范围、封闭斜坡的坡度、地平轮廓线三个因素在影响空间感塑造上极为关键,在封闭空间中都同时起作用,图 3.14 便是一个典型剖面。底面指的是空间的底部或基础平面,它通常表示"可使用"范围。它可能是明显平坦的地面,或微起伏的并呈现为边坡的一个部分。斜坡的坡度

与空间制约有着联系,斜坡越陡,空间的轮廓越显著。地平天际
线,它代表地形可视高度与天空之间的边缘。地平轮廓线和观察
者的相对位置、高度和距离,都可影响空间的视野,以及可观察到
的空间界线(见图3.15)。

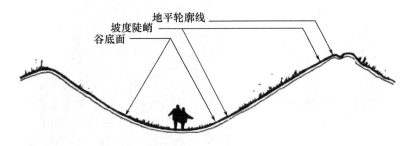

图 3.14　地形的三个可变因素影响着空间感

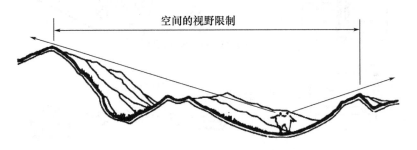

图 3.15　地平轮廓线对空间的限制

2. 控制视线

　　为了使视线停留在环境中某一特殊焦点上(见图3.16),可以
根据不同的地形类型,安排主体景观的位置,巧妙地实现视线引
导。平坦地形环境的主体景观视线开阔而连续、整体而统一,主要
依靠垂直方向的构筑物或线形元素来形成视觉焦点,加强与水平
走向的空间对比。在坡地地形和山水地形公园环境中,因地形起

伏高程变化和朝向变化,游人有着多方位的观景角度和景观视线,能够产生不同景深的视觉效果。其中,凸地形和山脊明显高于周围的环境,视线则要开阔许多,易于形成丰富的赏景视点。凹地形和谷地形成的空间范围处于周围环境的低处,视线通常较为封闭,易于形成视线的聚集区域,因此该区域内以及组成凹地形和谷地的坡面都可精心地布置景物,使游人驻足细致观赏。

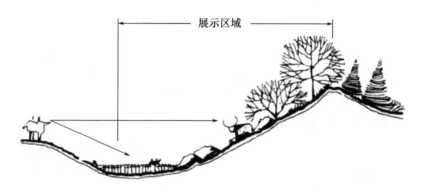

图3.16　斜倾的坡面是很好的展示观赏因素的地方

3. 建立空间

序列地形建立空间序列,交替展现或屏蔽景物。当赏景者仅看到了一个景物的一个部分时,对隐藏部分就会产生一种期待感和好奇心,想尽力看到其全貌。设计师可利用这种心理去创造一个连续变化的景观来引导人们前进。如图3.17所示,在山顶上安置一引人注目的景物,吸引人向前探究。在前进过程中,山上的景物则忽隐忽现直到抵达山顶才得观全景。

4. 屏蔽不良景观

在大路两侧、停车场以及商业区可以将地形改造成土坡的形式来屏蔽不良景观。这一手法适用于那些容许坡度达到理想斜度的空间。例如,要在一个斜坡上铺种草皮,并需要割草机进行护养

的话,该斜坡坡度不得超过 4:1 的比例。按此标准,土堆若高
1.5 m 那么其整个区域宽度不得少于 12 m(按 4:1 的比例,每边需
6 m)。坡顶也可以设置屏障物来遮盖位于其坡脚部分的不良景观
(见图 3.18)。在大型庭院景观中,即可借助这种手法,一方面达
到遮蔽道路、停车场或服务区域的目的;另一方面则维护较远距离
的悦目景色。

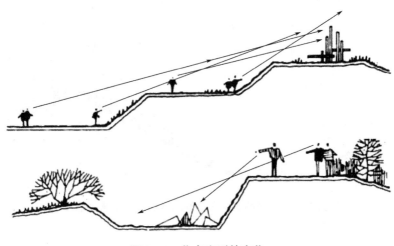

图 3.17 焦点序列的变化

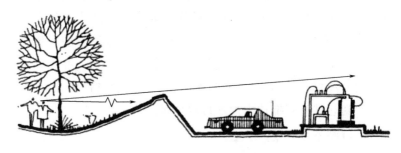

图 3.18 土山遮挡不良景观

英式园林风格的景观,便运用了类似手法来遮蔽墙体和围栏。

在田园式景观中,被称为隐墙的墙体,就设置在谷地斜坡顶端之下和凹地处。这样在某一高地势上,将无法观察到它们(见图3.19)。这种方式的使用,最终使田园风光成为连续和流动的景色,并不受墙体或围栏的干扰(见图3.20)。

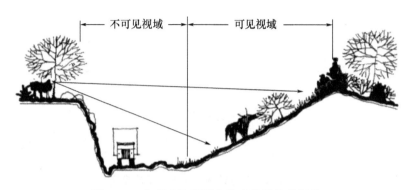

图 3.19　山顶障住了看向谷底的景物的视线

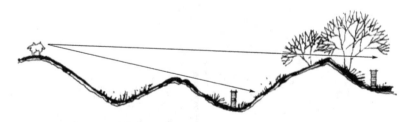

图 3.20　矮墙的做法:墙、栅栏隐藏在谷中不在视线中

5. 影响游览路线和速度

地形可被用在外部环境中,影响行人和车辆运行的方向、速度和节奏。一般说来,运行总是在阻力最小的道路上进行。从地形的角度来考虑,理想的建筑场所就是在水平地形、谷底或瘠地顶部。水平地形最适合进行运动。随着地面坡度的增加,或更多障碍物的出现,人们游览就必然耗费更多力气,时间也就延长,中途

的停顿休息也就逐渐增多。因此,步行道的坡度不宜超过 10%。如果需要在坡度更大的地面行进时,道路应斜向于等高线,而非垂直于等高线(见图 3.21)。如果需要穿行山脊地形,最好应走"山洼"或"山鞍部",是最省事的做法(见图 3.22)。

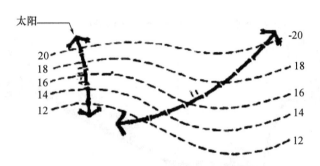

图 3.21　可行的路线应平行于等高线

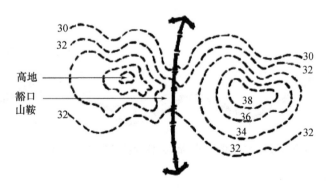

图 3.22　穿越山地最好是从山鞍部通过

　　地形设计可以影响游人行走的速度(见图 3.23)。如果设计要求人们快速通过的话,那么在此就应使用水平地形。而如果设计的目的是要求人们缓慢地走过某一空间的话,那么就应使用斜坡地面或一系列水平高度变化。当需要人们完全停留下来时,那就会又一次使用水平地形。

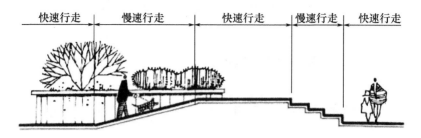

| 快速行走 | 慢速行走 | 快速行走 | 慢速行走 | 快速行走 |

图 3.23 行走的速度受地面坡度的影响

地形造成向景物运动时,焦点的序列变化在一定距离内,山头障住视线,到了边缘才能看到景物,地形起伏的山坡和土丘可被用作障碍物,迫使行人在其四周行走以及穿越山谷状的空间。这种控制和制约的程度所限定的坡度大小,随情形由小到大规则变化。在那些人流量较大的开阔空间,如商业街或大学校园内,就可以直接运用土堆和斜坡的功能。

地形造景的尺度、坡度以及形态与总体设计的平面布局、功能分区、景观视线、排水有着密切的整体关系。景观总体设计因素很大程度上决定着地形的布局和造景形式。在规则式园林设计意图中,地形一般表现为不同标高的地坪层次;在自然式园林设计意图中,往往需要因地制宜、因景制宜,通过一定面积的挖、填工程措施,来构建园内的山水骨架体系,实现自然山水的环境氛围。而在原有地形地貌形态丰富、景观特征明显的现状地形范围内,地形本身又决定着总体设计。

利用地表高低起伏的形态进行人工重新布局称为景观的地形设计。如地形骨架的塑造,山水的布局,峰、峦、坡、河、湖、泉、瀑等小地形的设置,它们之间的相对位置、高低、大小、比例、尺度、外观形态、坡度的控制和高程关系等都要通过地形设计来解决。

第二节　园林水体的表现与水景设计

一、水的基本功能和特点

（一）城市水体的功能

1. 水体是景观的重要组成元素

水可能是所有景观设计元素中最具吸引力的一种，它极具可塑性，并有可静止、可活动、可发出声音、可以映射周围景物等特性，所以可单独作为艺术品的主体，也可以与建筑物、雕塑、植物或其他艺术品组合，创造出独具风格的景观。在有水的景观中，水是景致的串联者，也是景致的导演者，水因其不断变化的表现形式而具有无穷的迷人魅力，水声与倒影扩展了景致的多角度空间，水体的聚散、荡漾、激潋化无声为有声，听大海波涛、流水潺潺、瀑布轰鸣、泉水叮咚，看湖光山色、池塘鱼草都使人心情或愉快或舒适或激昂。

2. 水体能改善环境，也是理想生境

水具有很强的生态作用，对改善城市环境质量。调节微气候非常重要。水体达到一定数量、占据一定空间时，由于水体的辐射性质、热容量和导热率不同于陆地，而改变了水面与大气间的热交换和水分交换，使水域附近湿度增加，气温降低、尘埃减少，使局部小气候变得健康宜人。清洁的水体、水陆交汇的多样环境也为各种动植物提供了理想的环境，为生物多样化提供了有利条件。水体能用于控制噪声，特别是在城市中汽车、人群的嘈杂不可避免，利用瀑布或流水的声响来减少噪声干扰，能营造一个相对宁静的气氛。

另外,水体本身都有雨水径流的蓄积能力和自净能力,即河道、湿地能调蓄地表径流和降水,补给地下水,提高区域水的稳定性,并对一些进入水体的污染物质,通过一系列生物吸收和降解来减少或消除,从而净化水环境。

3. 提供休闲娱乐条件

水具有独特的魅力、动人的质感、不仅能给人们提供良好的生活环境,还可以为娱乐活动和体育竞赛提供场所。人们喜欢在水边散步、慢跑、观景,在水中划船、游泳、垂钓、漂流、冲浪。在休憩环境和居住环境的选择上,以水为主题的环境普遍受到人们的青睐。

(二) 水的观赏特性

1. 水形之美

"水随器而成其形"我国古代就已认识到水的易塑性,只要将这个"器"运用得当——水景中的水榭、步道、假山、驳岸等设施,延其长则可为溪、聚其深则可为池、可柔可刚,将水雕琢出不同的形态,就能充分发挥水的美。

2. 动静之美

水景有动静之分,水景中多以亭、榭、桥、假山来映衬静水。水面波平如镜,将周围远近景观尽皆映入镜中。主要表现形式为湖、池、泉等。水景中的动,主要有涌泉、瀑布等形式,以水的动表现水景的生气。"飞流直下三千尺,疑是银河落九天"就是对庐山瀑布最好的写照。

3. 水声之美

水景中利用水声,营造"清泉石上流"那样的意境,以水声来衬托静。如无锡寄畅园的八音涧,水流沿假山堆叠的水道流转,水流过处泉水叮咚,比丝竹乐器之音有过之而无不及,使人越发感受园林景观的清幽。也可用水声来激发人的情绪,如瀑布的轰鸣,未见其形,先闻其声,仿如惊雷大作,又仿如万马齐喑。又如听雨轩、听涛阁,借雨打芭蕉、卧听涛声之音成景,从另一个层面表现出水声之美。

4.映射之美

宁静的水面具有形成倒影的能力,园林中,日月之辉、山石之形、亭台楼榭之相尽皆映射在水中。景中有水,水中亦有景,增加了水的观感。如王勃在《滕王阁序》中所描绘的"落霞与孤鹜齐飞,秋水共长天一色",写的正是南昌滕王阁边的赣江美景,借晚霞的色和飞鸟的动映射出水面广阔旷达之美。

二、水景的基本类型和特质

自然界的水有江河、湖泊、瀑布、溪流、泉涌等各种形式。景观设计师法自然,又不断创新,应用于园林中的水主要有四种基本形式——静水、流水、落水、压力水。

(一)静水

静水一般是指园林中以片状汇聚的水面为景观的水景形式,如湖、池等。其特点就是宁静、祥和、明朗。它的作用主要是净化环境、划分空间、丰富环境色彩,增加环境气氛。静水主要欣赏水的色彩、波纹和倒影。

(二)流水

流水包括河、溪、涧以及各类人工修建的流动水景。如运河、输水渠,多为连续的、有急缓深浅之分的带状水景。有流量、流速、幅度大小的变化。其蜿蜒的形态和流水的声响使环境更富有个性与动感。

（三）落水

落水是指水源因蓄水和地形条件的影响而产生跌落，发生水高差的变化。水由高处下落，受落水口、落水面构成的不同影响而呈现出丰富的下落形式。

（四）压力水

压力水是水受压后，以一定的速度、角度、方向喷出的一种水景形式。喷泉、涌泉、溢泉、间歇泉等都呈现出动态美，水姿千姿百态，具有强烈的情感特征，也是欢乐的源泉。

三、世界园林水景特点与发展概述以及现代城市水景设计与营建

（一）中国传统理水

1. 对水的认识

中国古典园林被称为自然山水园，主要是以自然山水为范本，并结合山水诗、山水画发展形成。所以"理水"是中国古典园林理法中极为重要的一环。不论是北方皇家的大型苑囿，还是小巧别致的江南私家园林，凡条件具备都必然要引水入园。即使无水可引也要千方百计地以人工方法引水开池，以点缀空间环境。

2. 风水文化

在中国有一门延续了几千年有关环境生态观和自然观的学问，那就是中国传统的"风水学"。"风水"作为一个专门术语，最早见于《葬书》。书中说："气乘风则散，界水则止，古人聚之使不散，行之使有止，故谓之风水。"又曰："风水之说，得水为上，藏风次之。"首次提出了明确的以"藏风""得水"为条件的"风水"概

念,又称"堪舆"。风水是一种独特的中国文化现象,是古代中国人在长期的生产实践中总结而成的关于"环境选择"的学问,风水的基础模式实际上是一种理想的环境模式,这种模式除人文的要素(如隐喻、象征和防御等)影响之外,主要强调小环境内部各种综合环境要素(如地质、地貌、土壤、植被、气候、水文)等的相互协调。

水是"风水学"中的一个至关重要的因素。明代乔项在其著作《风水辩》中是这样看待"风水"中用"水"的:"所谓水者,取其地势之高燥,无使水近夫亲肤而已;若水势屈曲而环向之,又其第二义也。"古人在修宅选址上要求"背山面水"。在有关"面水"的选址上,认为建筑要选择不易被水浸蚀的高地,如果水流能在此形成弯曲环抱的水势,那就更好了。中国传统园林中理水讲求弯曲环抱,最忌直去无收,以及水口园林的营造,无不都是受到风水学说的影响。

中国风水的形成发展有 5 000 多年的历史。大量的考古和文献证实,中国风水是随着中华民族的形成而发生发展的,大致可分为 6 个阶段:原始聚落时期"卜宅""相宅"的朴素择地阶段;春秋战国时期"地理""阴阳"的风水萌芽阶段;秦汉魏晋时期"形法""图宅""堪舆"的风水形成阶段;唐宋时期风水理论的发展阶段;明清时期风水理论的阐释与总结阶段;辛亥革命以后,近现代科学文化对风水的冲击阶段。

3. 理水手法

(1)集中与分散

中国传统园林用水,从布局上可以分为集中和分散两种形式。集中而静的水面能使人感到开朗宁静。一般中小庭院多采用这种理水方法。其特点是整个园林以水池为中心,沿水池四周环列建筑,从而形成一种向心内聚的格局。集中用水原则同样也适用于大型皇家苑囿,如北海公园中的北海、颐和园中的昆明湖以及圆明园中的福海,就是大面积集中用水的典型。只有在这样的环境中才能领略《园冶》所谓"纳千顷之汪洋,收四时之烂漫"。

与集中用水相对的则是分散用水,其特点是用化整为零的方法把水面分割成互相连通的若干小块,水的来去给人以隐约迷离和不可穷尽的幻觉。分散用水还可以随水面变化而形成若干大大小小的中心——凡水面开阔的地方都可因势利导地借亭台楼阁或山石配置而形成相对独立的空间;而水面相对狭窄的溪流则起到沟通连接的作用。这样,各空间既自成一体,又互相连通,从而形成一种水陆萦回、岛屿间列和小桥凌波的水乡气氛。

(2)来历去由

古人认为园中一池清水与天地中的自然之水是相互贯通的。引江河湖海的"活水"入园当然是最为理想的方式。但在一些面积小,又无自然水源的园林中则讲究通过对水源与水尾的处理体现水流不尽之意境,运用"隐""藏"等处理手法,形成幽深曲折的多层次水体空间。对水源的处理《园冶》中提出以下步骤:水源处理首先要隐藏在深邃之处,强调"入奥疏源,就低凿水";然后疏浚一湾长流;再跨水横架桥梁"引蔓通津,缘飞梁而可度"。

园中理水,其水尾不能露出尽端的水岸线,需要对水尾处的水体分段,并在分段处通过架桥进行遮挡,增加水面空间层次,体现出水流蜿蜒无尽之意。

(3)曲折有情

总体上讲,东方重视意境,手法自然。例如,中国古典园林就要求具有"虽由人作、宛自天开"的效果,因此,水要以"环湾见长"越幽越深越有不尽之意。

(4)水与其他要素的映衬

A.掇山与理水

中国古典园林崇尚自然,自然界的景致一般是有山有水,因而形成了中国古典园林的基本形式——山水园。山水相依构成园林,无山也要叠石堆山,多种山体类型与水体紧密结合在一起形成变化无穷的园林特征。

B. 一池三山的传统模式

自秦代有去东海求仙的史实以来,海中三仙山就以"蓬莱""方丈""瀛洲"之名引入园林中,体现人们追求长生不老的思想。汉代建章宫太液池、北京"三海"、颐和园等各个时期大型园林都沿用这种山水模式。

C. 山石与水景

计成在《园冶》中推崇池上理山为"园中第一胜也",强调假山的变化"若大若小,更有妙境",以及山水结合带来的效果。对涧、瀑布和曲水与山石的关系也都做了论述。如理"涧"之法强调了与假山相结合的方式;理"瀑布"之法追求"素人镜中飞练"的意境,指出瀑布要结合地形地势、建筑屋檐等雨水汇集之处;理"曲水"之法则是"上理石泉,口如瀑布,亦可流觞,似得天然之趣"。

D. 建筑与理水

建筑是中国古典园林中主要的造园元素。"卜筑贵从水面"即建筑选址最好在水畔,结合水中的倒影,形成最美的视觉效果。不同建筑类型选址与水的关系各不相同,如"楼阁"的选址宜"立半山半水之间","亭"的选址要"水际安亭","榭"的选址"或水边、或花畔"。

(二)外国传统理水

随着14世纪文艺复兴的开始,欧洲传统园林继承发扬了古希腊、古罗马时期的成就,在不断发展的文化艺术和科学技术的推动下,形成了独特的理水形式。

此时欧洲园林和理水设计的基本思想是使大自然景观、地形、水流都按人为的数学比例(黄金分割)和几何对称的形式应用于造园上。在圆形、三角形、梯形等几何形组成的花坛平台、坡道的对称轴线上布置渠道。在最高处布置亭子,并用水体串联起来。用乔木、灌木、攀援植物做出界定,以加强由理水的水平界面组成的主体造型效果。

1. 意大利的喷泉与瀑布

意大利水景艺术在古希腊及古罗马的基础上创造性地发展,以形式各异的、规模不同的喷泉和叠落瀑布闻名遐迩。意大利是一个半岛国家,地形高差大,山泉水丰富。其园林特点为中轴对称,依山就势,分成段级,故称台地园。园林因地制宜地利用地形斜坡与高差,精心设置"多级叠落瀑布",水池、瀑布、喷泉、壁泉作层层跌落,并配以石楠、黄杨、珊瑚等常绿乔木和规则花坛、绿篱树坛等形成壮观的园林水景。罗马城附近的埃斯特庄园(Villa d, Este)是 16 世纪最为壮观的园林景观之一。设计者用 600 m 长的管道将安澜河引至高处,形成高位水库,首次实现了 77.2 m^3/min 的巨大水流量,满足了园内 50 处水景工程的水量之需。其中最著名的水景工程有百流喷泉、海神喷泉及自然之泉等。海神喷泉利用地形高差分成数层台阶,引水层层跌落而下,泻入各泉池,并配以壮观的喷水效果,景象十分震撼。

2. 法式的运河式水景

17—18 世纪法国的园林理水继承并发展了意大利文艺复兴时期的理水艺术。为表现至高无上的王权思想,园林水景的营建采用强烈的几何轴线和对称的平面布置,大规模的运河造成无限深远的透视感,气势宏大的喷泉与精美雕塑结合,成为法国园林的明显标志。水成了整个园林的点睛之笔,理水的历史在这里闪烁出耀眼的光辉。

3.英式自然野趣水景

英国为岛国,土地肥沃,气候温和湿润,植物种类繁多。18世纪30年代受浪漫主义影响,英国进入"自然风景园"时期。英式自然风景园单纯追求自然野趣,如风景画。蛇形的园路、起伏的草坪、孤植的大树,水景则以自然蜿蜒的池塘溪流形式出现,一派自然沉静的田园风光。设计师将自然形式的水体布置在风景构图的中心,让游人的视线落在晶莹闪亮的水面上,向人们展示——美不总是存在于数学的黄金分割比例中,美也是具象而感性的。

(三)现代水景设计

1.更自由丰富的形式

19世纪以来,随着现代主义和生态学的发展,人们对保护自然环境的认识不断提高。19世纪后半叶发生了"城市公园运动"。20世纪30年代后,现代派园林设计兴起。现代派园林设计主要运用不对称的形和线创造空间:以面流动的线、变化的材质,大胆地运用现代材料(玻璃、波瓦、广场地砖)创造新风格。在理水艺术上出现将水做成流线形或"S"形平面构图中心的设计。混凝土水池边铺上地板或台阶,使形式、材质、高差等产生强烈的对比。

水景设计(waterscape design)在手法上也异常丰富,形成了将形与色、动与静、秩序与自由、限定与引导等水的特性和作用发挥得淋漓尽致的整体水环境设计。既改善了城市小气候、丰富了城市环境,又可供观赏、鼓励人们参与。例如哈普林事务所(Lawrence Halprin and Associates)设计的波特兰市系列广场是十分典型的例子。这一系列广场由三个主要节点组成,从爱悦广场开始,经历博地哈罗夫公园最后到演讲堂广场,其用象征性的峭壁而创造的喷泉和瀑布成为城市的重要名片,增强了波特兰的吸引力,对波特兰市在现代水体利用方面的声誉做出了贡献。

2. 生态化的功能

随着全球生态环境问题的加剧,用景观的方法来解决城市所面临的水资源短缺、水污染问题,已成为景观设计师面临的重要问题。各种生态水景,如雨水花园、人工湿地、可持续利用水景观等,不但能创造优美城市景观,而且对于控制水污染、雨洪资源利用、改善城市微环境具有不可或缺的作用。因此,向生态化方向发展,兼顾环境保护和景观优美是现代水景区别于传统理水的重要特点。

德国柏林波茨坦广场水园(Water Garden in Potsdamer Platz, Berlin)的水系统设计是一个利用水循环处理技术将区域的水质综合治理,并且将景观用水和城市市政用水相结合来考虑的城市景观设计,设计师用水为主题公共建筑的景观水池作蓄水池,将雨水、下水道水、地下水收集净化,并再生利用。一部分水流过种有植物的生活小区,既可以过滤水体,稳定水质,也给城市营造富有自然气息的城市环境。总数量 2 600 m³ 水量的 5 个地下蓄水池,其中 900 m³ 用于生活急需,保证了整个系统的稳定持久,并且能够缓解城市排水的压力。

雨水花园出现于 20 世纪 90 年代的美国,是一种新型的以有效利用雨水、节约水资源为目的的花园形式。通常是自然形成或人工挖掘的浅凹绿地,被用于汇聚并吸收来自屋顶或是地面的雨水,是一种生态可持续的理水手法。美国俄勒冈州波特兰市 Ne Siskiyou 绿色街道中的雨水花园就具有很多功能,如有效地去除径流中的悬浮颗粒、有机污染物及重金属离子、病原体等有害物质;通过合理的植物配置,可以为昆虫与鸟类提供良好的栖息环境;通过植物的蒸腾作用可以调节气温等。

湿地是一类介于陆地和水域之间的过渡生态系统。湿地作为一类特殊的生境的研究,始于 20 世纪 70 年代初《拉姆萨国际湿地公约》的缔结之时。湿地公园的概念类似于小型保护区,但又不同于自然保护区和一般意义公园的概念。随着城市的急剧扩张,更多的湿地被划入了城市区域,英国伦敦湿地公园(London Wetland Center)是城市湿地中令人瞩目的佼佼者。伦敦湿地公园共占地42.5 hm²,由湖泊、池塘、水塘以及沼泽组成,中心填埋土壤40万m³土石方,种植树木2.7万株。良好的绿化和植被引来了大批的生物,使公园成了野生生物的天堂。每年有超过170种鸟类、300种飞蛾及蝴蝶类前来此处;同时,公园也给伦敦市区的居民提供了一个远离城市喧嚣的游憩场所,营造出了大都市中的美丽绿洲,改善了周围都市的景观环境。

3. 现代技术的运用

由于科技的发展,新材料与新技术的应用,现代水体景观的设计在表现形式上更加宽广与自由。在当代科技的支持下,喷泉可以根据不同的需求来塑造不同的水体形态,在现代景观中广泛运用。常见的喷泉类型包括普通喷泉、程控喷泉、水幕激光电影、水珍珠喷泉、游戏喷泉、跳跳喷泉等。由埃里克森(ArthurErickson)设计的罗宾逊广场(RobsonSquare)水池、瀑布水景与政府办公大楼融为一体。水景与屋顶公园就像现代的空中花园,宏伟、壮观,展现了人工的力量。约翰逊设计的休斯敦落水,为18 m高的大水墙,每秒有700 L水量,可以在城市中感受到巨瀑飞流的轰鸣,这是在科技力量支持下才能达到的夸张尺度。

四、水景的表现

(一)水体平面的表现方法

在平面上,水面表示可采用线条法、等深线法、平涂法和添景物法。前三种为直接的水面表示法,最后一种为间接表示法。

1. 线条法

用工具或徒手排列的平行线条表示水面的方法称为线条法。作图时,既可以将整个水面全部用线条均匀地布满,也可以局部留有空白,或者只局部画些线条。线条可采用波纹线、水纹线、直线或曲线。组织良好的曲线还能表现出水面的波动感。

水面可用平面图和透视图表现。平面图和透视图中水面的画法相似,只是为了表示透视图中深远的空间感,对于较近的则表现得要浓密,越远则越稀疏。水面的状态有静、动之分,它的画法如下所述。静水面是指宁静或有微波的水面,能反映出倒影,如宁静时的海、湖泊、池潭等。

静水面多用水平直线或小波纹线表示,如图 3.24 所示。动水面是指湍急的河流、喷涌的喷泉或瀑布等,给人以欢快、流动的感觉。其画法多用大波纹线、鱼鳞纹线等活泼动态的线型表现,如图 3.25 所示。

图 3.24　净水水面的画法

图 3.25　动水水面的画法

2. 等深线法

在靠近岸线的水面中,依岸线的曲折作二三根表示深浅的曲线。这种水面下的等高线,称为等深线。通常形状不规则的水面用等深线表示。如图 3.26 所示。用三根线可分别表示最高水位、常水位及最低水位。

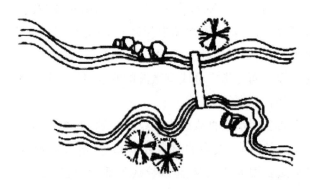

图 3.26　等深线法

3. 平涂法

用水彩或墨水平涂表示水面的方法称为平涂法。用水彩平涂时,可将水面渲染成类似等深线的效果。先用淡铅做等深线稿线。等深线之间的间距应比等深线画大些,然后再一层层地渲染,使离岸较远的水面线较深。也可以不考虑深浅,均匀涂抹。

4. 添景物法

添景物法是利用与水面有关的一些内容表示水面的一种方法。与水面有关的内容包括一些水生植物(如荷花、睡莲)、水上活动工具(船只、游艇等)、码头和驳岸、露出水面的石块及周围的水纹线、石块落入湖中产生的水圈等。

（二）水体的立面表示方法

在立面上，水体可采用线条法、留白法、光影法等表示。

1. 线条法

线条法是用细实线或虚线勾画出水体造型的一种水体立面表示法。线条法在工程设计图中使用得最多。用线条法作图时应注意：线条方向与水体流动的方向保持一致；水体造型清晰，但要避免外轮廓线过于呆板生硬。

跌水、叠泉、瀑布等水体的表现方法一般也用线条法，尤其在立面图上更是常见，它简洁而准确地表达水体与山石、水地等硬质景观之间的相互关系。用线条法还能表示水体的剖（立）面，如图3.27所示。

2. 留白法

留白法就是将水体的背景或配景画暗，从而衬托出水体造型的表示手法。留白法常用于表现所处环境复杂的水体，也可用于表现水体的洁白与光亮。

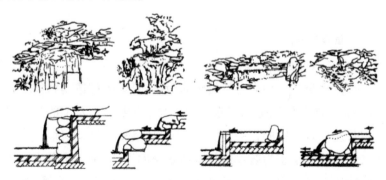

图3.27 跌水、叠泉、瀑布

3. 光影法

用线条和色块（黑色和深蓝色）综合表现出水体的轮廓和阴

影的方法称为水体的光影表现法。留白法与光影法主要用于效果图中(见图 3.28)。

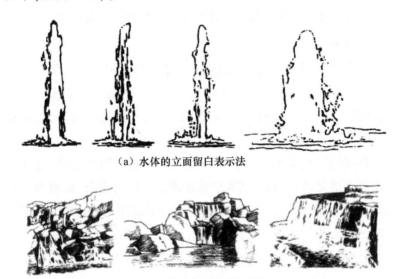

(a) 水体的立面留白表示法

(b) 水体的立面光影表示法

图 3.28 留白法、光影法效果图

(三)水景的设计

1.基本原则

(1)体现水的自然本体性

水体本身是一种大自然的物体,水体景观的创造,就是将大自然水的美,或更好地呈现于自然风景中,或再现于人工的景观中。人们营造景观环境的目的,就是使生存环境更加舒适、优美、自然。故以大自然的水态为蓝本进行水体景观的设计,是一个基本原则。自然陆地表面的水是从源头流向汇水盆地,泉、跌水、小溪、瀑布、湖泊、池塘、沼泽、河流等各种类型的水体以连续性和彼此相互影响的关系存在于流域之内。水景营造要首先考虑不破坏水体自然形态,使景观水体仍继续表现出自然形态特征,符合自然水体形态、形成与演变的规律符合自然客体形态、构造特征。

（2）生态性

随着 1992 年里约热内卢联合国环境与发展会议的召开，追求人类社会的可持续发展已逐渐成为时代的最强音，未来景观用水的态度将是在首先符合生态原则的基础上表现其景观功能。

水体环境是围绕它并对其产生影响的分布于地表空间所有水域组成的有机系统。该系统中的各要素，如水体、植被、驳岸、道路、建筑等之间既相对独立，又相互影响，它们共同作用于水体景观环境。只有协调的水体景观环境系统，才能实现水资源的最优化利用，使景观中的水体环境系统具有最大的美学和生态质量。

水是生命之源，世界各国都非常重视水资源的开发和节约利用，节水型园林是实现景观可持续发展的必由之路。城市污水和雨水都是城市稳定的淡水资源，净化水污染、充分利用天然雨水资源、减少对自然水的需求都是未来水景设计，创造可持续城市环境的重要措施。

（3）亲水性和参与性

水是充满生机的元素，在进行水体景观设计时除了客观的物——水体本身的特性而外，还须注意观赏者（人）的特性——亲水。

人们希望悠闲地沿着河流或湖泊漫步或旅游。在水边休息以享受其声其景，或穿过水面到达彼岸，人们愿意围绕水体来进行多种带有趣味性的活动。有水的空间给人的场所感增强。因此，应充分利用水体的吸引力和近水的优越性，从游人的角度来设计亲水、赏水，设计不同性质的水景来激发、砥砺及引发人们的思想感情，揭示人们的内心世界，从而引起共鸣，创造一种艺术的感受与欢乐。

2. 设计内容

（1）水景的风格

作为景观环境中的一部分，水景的设计首先应从整体环境考虑,选择与环境相协调的风格特点。

A. 水景的大小尺度

水景的大小与周围环境景观的比例关系是水景设计中需要慎重考虑的内容。小尺度的水面较亲切怡人适合于宁静、不大的空间,例如庭院、花园、城市小公共空间;尺度较大的水面烟波浩渺,适合于大面积自然风景、城市公园和大的城市空间或广场。

水面的大小也是相对的,同样大小的水面在不同环境中所产生的效果可能完全不同。例如,苏州的怡园和艺圃两处古典宅第园林中的水面大小相差无几,但艺圃的水面明显地显得开阔,与网师园的水面相比,怡园的水面虽然面积要大出约三分之一,但是,大而不见其广,长而不见其深,相反网师园的水面反而显得空旷幽深(见图3.29)。无论是大尺度的水面,还是小尺度的水面,关键在于掌握空间中水与环境的比例关系。

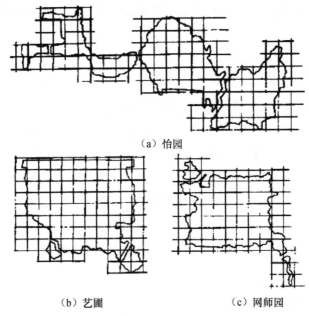

(a) 怡园

(b) 艺圃　　　　　　　　(c) 网师园

图3.29　相同大小水面的尺度与比例

B. 水景的位置

1) 位置欣赏:在决定了水景的风格和大小比例之后,就应当考虑从什么位置观赏此景。水池可以建在整体环境的中心,成为园林景观中的焦点(见图 3.30),或者作为一个铺设区域的主要装饰,或者作为休息区域的一个重要补充。倚围墙而建的高台水池或下沉式的水池,可以通过安设一个镶嵌在墙上的喷泉装饰使之更加夺目。

图 3.30　平均深度的水池能作为雕塑和其他焦点物的中性基座

2) 视角与视距:用水面限定空间、划分空间有一种自然形成的感觉,使得人们的行为和视线不知不觉地在一种较亲切的气氛下得到了控制。这无疑比过多地、单纯地使用墙体、绿篱等手段生硬地分隔空间、阻挡穿行要略胜一筹。由于水面只是平面上的限定,人们的视线常常在不知不觉中得到了控制。但视觉连续性和通透性不受阻碍,因此用水面比简单使用墙体、绿地等实体元素更适合限定空间、划分空间。水景分割空间控制视距应特别考虑景观、水面和观景点三者的距离和角度。适当的距离和角度有助于形成完美的倒影,对丰富空间,渲染水景的艺术效果非常重要(见图 3.31)。

3) 划分空间:园林中的水体设计中,常通过划分水面,形成水面大小的对比,使空间产生变化增加空间层次感。如颐和园中通过万寿山将水体分成辽阔坦荡的昆明湖和狭窄幽静的后湖,两者风格迥异,对比鲜明(见图 3.32)。

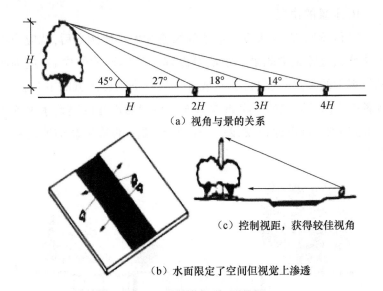

（a）视角与景的关系

（c）控制视距，获得较佳视角

（b）水面限定了空间但视觉上渗透

图 3.31　利用水面获得的较好的观景条件

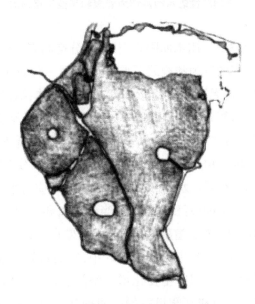

图 3.32　颐和园——大小对比的水面

以水景为特色的杭州西湖总面积约 5.6 km²,为了避免单调,增加景观的层次与深远,从大处布局着手,构筑两条大堤横贯湖的南北(苏堤)和东西(白堤),把全湖分割成外湖、里湖、岳湖、西里湖和小南湖五个大小不同的水面。外湖水面构筑三潭印月、湖心亭和阮公墩三个小岛,互为鼎足呼应。这样的总体分割布局,就为西湖景观各个体景观间的互借其景奠定了基础。五个湖面,外湖最大,里湖、西里湖较小,岳湖、小南湖更小,这样的分割,使湖面景色变化多彩,不再单调。

(2)不同类型水景的设计

①规则式水池

所谓规则式水池是指人造的蓄水容体,其池边缘线条挺括分明。池的外形为几何形,但并不限于圆形、方形、三角形和矩形等典型的几何图形。

在设计中,水池的实际形状,当然是以其所在的位置及其他因素来决定。水池用于室外环境中有以下几种目的。

平静的水池可以映照出天空或建筑、树木、雕塑和人。水里的景物如真似幻,给观景者提供了一新的透视点。水池水面的反光也能影响着空间的明暗。这一特性要取决于天光、池面、池底以及观景者的角度。

有许多因素可以增强水的映射效果。首先,从观景点与景物的位置来考虑水池的大小和位置。对于单个的景物,水体应布置在被映照的景物之前,观景者与景物之间,而长宽取决于景物的尺寸和所需映照的面积多少而定。所要得到的倒影大小可借助于剖面图。还可运用视线到水面的入射角等于反射角的原则。

另一应考虑的因素是水池的深度和表面色调。水面越深越能增强倒影。要使水色深沉,可以增加水的深度,加深池面的色彩。要达到变暗的有效方法,是在池壁和池底漆上深蓝色或黑色。当池水越浅或容体内表面颜色越明亮时,水面的反射效果就越差。

还有一个应考虑的因素是水池的水平面和水面本身的特性。要使反射率达到最高,水池内的水平面应相对地高些,并与水池边沿高度造成的投影以及水面的大小和暴露程度有关。同时有倒影的水池要保持水的清澈,不可存有水藻和漂浮残物。最后一点是保持水池形状的简练,不至于从视觉上破坏和妨碍水面的倒影。

如果水池不是做反射倒影之用,那么可以将水池表面做特殊处理,以达到观赏的趣味性。水池的内表面,特别是水池的底部,可以使用色彩和质地引人注目的材料,并设计成吸引人的式样。

②自然式水塘

自然式水体在设计上比较自然或半自然,可以是人造的,也可以是自然形成的。外形通常由自然的曲线构成,这种形象最适合于乡村或大的公园。

池塘是面积较小的自然式水景,水面较方整,池水几乎不流动,一般不布置桥梁和岛屿,池水浅且清澈见底,水中适宜栽植莲属观赏类植物或放养观赏鱼,还可配合汀步,满足人们的亲水性。

自然式水塘的大小与驳岸的坡度有关,同面积的水塘,驳岸较缓、离水面近,看起来水面就较大,反之则水面就感觉较小。就其本质而言,池塘的边沿就像空间的边沿一样,对造成的空间感和景观有相同的影响。

③流水

流水是任何被限制在有坡度的渠道中的,由于重力作用而产生自流的水,如自然界中的江河、溪流等。流水作为一种动态因素,用来表现具有运动性、方向性和生动活泼的室外环境。流水的特征取决于水的流量、河床的大小和坡度,以及河底和驳岸的性质。

河床的宽度及深度不变,而用较光滑且细腻的材料做河床则水流也就较平缓稳定,适合宁静悠闲的环境。要形成较湍急的流水,就得改变河床前后的宽窄,加大河床的坡度,或河床用粗糙的材料,如卵形毛石。这些因素阻碍了水流的畅通,使水流撞击或绕流这些障碍,导致了湍流、波浪及声响。

河流是常见的流水形式,常采用狭长形水体来表现,也常被用来划分景观空间。水上可供泛舟,其周边适宜搭配各种临水景观,如水榭、步道、观水平台、桥等,甚至于水景中配置规模相对较大的洲、岛等。由于水流速平缓,水体表面积较大,水道延绵较长,园林上常与沿岸景观相互映衬,周边的实景配上水中的虚景,相映成趣。

④瀑布

瀑布是流水从高处突然落下而形成的,常作为室外环境的视觉焦点。瀑布可分为以下三类:

1)自由落瀑布。自由落瀑布顾名思义,这种瀑布是水流不间断地从一个高度落到另一高度。自由落瀑布的设计特别要认真研究瀑布的落水边沿,才能达到所要求的效果,特别是当水量较少的情况下,不同边沿产生的效果也就不同。完全光滑平整的边沿,瀑布宛如一匹平滑无皱的透明薄纱,垂落而下。边沿粗糙,水会集中于某些凹点上,使瀑布产生皱褶。当边沿变得非常粗糙而无规律时,阻碍了水流的连续,便产生了水花,瀑布呈白色。

适合于城市环境的变形瀑布称为水墙瀑。通常用泵将水打上墙体的顶部,而后水沿墙形成一连续的帘幕从上往下挂落,这种在垂面上产生的光声效果是十分吸引人的。水墙的例子可以在曼哈顿的巴特利公园中见到,还有芝加哥的石油公司大厦。巴特利公园中的瀑布为小公园提供了很好的景观,其产生的水声也减少了城市中不和谐的噪声。

2)叠落瀑布。叠落瀑布是在瀑布的高低层中添加一些障碍物或平面,使瀑布产生短暂的停留和间隔。控制水的流量、叠落的高度和承水面,能创造出许多趣味和丰富多彩的观赏效果。合理的叠落瀑布应模仿自然界溪流中的叠落,不要过于人工化。

3)滑落瀑布。水沿着斜坡流下形成的瀑布。水量多少对滑落瀑布非常重要。对于少量的水从斜坡上流下,其观赏效果在于阳光照在其表面上显示出的湿润和光的闪耀,水量过大其情况就不同了。斜坡表面所使用的材料也影响着瀑布的表面。如波士顿科普利广场的中心水池,水从中心喷泉喷出,落在放射状池面上,顺坡而流回池底循环使用。

必要时,可在一连串的瀑布设计中,综合使用以上三种类型的瀑布方式,彼此之间相互补充,形成多样化的造型。

⑤喷泉

喷泉是利用压力,使水通过喷嘴喷向空中。喷泉的水喷到一定高度后便又落下。大多数的喷泉由垂直变化加上灯光,配合小品、雕塑设计。一般设置于园林中轴线上、景观园的入口、花坛中央、广场和重要建筑前。喷泉的设计关键取决于喷泉的喷水量和喷水高度。喷泉形态从一条水柱到各种大小水量和喷水形式的组合多变的喷泉都有。大多数喷泉都设在静水中,依其喷射形态特征喷泉可分为四类:单射流喷泉、喷雾式泉、充气泉、造型式喷泉。

1)单射流喷泉。单射流喷泉是一种最简单的喷泉,水通过单管喷头喷出。单管喷泉的高度取决于水量和压力两个因素。当喷出的水落回池面时,会造成独特的水滴声,故独特的单管喷泉适合安排在幽静的花园中和安静休息区。单管喷泉也可以多个组合在一起形成丰富的造型,作为引人注目的中心。

2)喷雾式泉。喷雾式泉由许多细小雾状的水和气通过有许多小孔的喷头喷出形成雾状喷泉。喷雾式泉外形较细腻,看起来闪亮而虚幻,可用来渲染安静的情调。喷雾式泉也能作为增加空气湿度和作为自然空调因素布置在室外环境中。

3)充气泉。充气泉与单管喷泉相似,一个喷嘴只有一个孔,区别在于充气泉喷嘴孔径非常大,能产生湍流水花,翻搅的水花在阳光下显得耀眼而清新,特别吸引人。充气泉适合安放在景观中的突出景点位置。

4)造型式喷泉:造型式喷泉是由各种类型的喷泉通过一定的造型组合而形成的,"闪耀晨光"和"蘑菇形"是两种造型式喷泉。在设计造型式喷泉时要对其所放置的位置特别注意,适合于安放在有造型要求的公共空间内,而不适于悠闲空间。

第三节　园林种植的表现与种植设计

一、植物的功能和特点

(一)功能

1.植物的生态功能

植物的生态环保功能主要体现在两个方面:①保护和改善环境;②环境监测和指示植物。植物通过自身生理机制和形态结构净化空气、防风固沙、保持水土、净化污染。各种植物对污染物抗性差异很大,有些植物在很低浓度污染下就会受害,而有些在较高浓度下也不会受害或受害很轻。因此,人们可以利用某些植物对特定污染物的敏感性来监测环境污染状况。由于植物生活环境固定,并与生存环境有一定的对应性,所以某些指示植物可以对环境中的一个因素或某几个因素的综合作用具有指示作用。图3.33为植物的生态环保功能示意图。

2.植物的空间构筑功能

空间构筑是指由地平面、垂直面以及顶平面单独或共同组合成的具有实在或暗示性的范围。植物可以种植于空间的任何一个

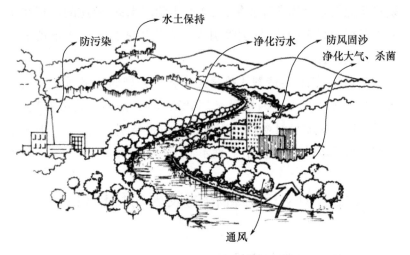

防污染

水土保持

净化污水

防风固沙
净化大气、杀菌

通风

图 3.33 植物的生态环保功能示意图

平面、地平面上,以不同高度和不同植物来暗示空间边界,构成空间。

3. 植物的美学功能

植物的美学观赏功能就是植物美学特性的具体展示和应用,其主要表现为利用植物美化环境、构成主景、形成框景等。

(1)主景

植物本身就是一道风景,尤其是一些形状奇特、色彩丰富的植物更会引起人们的注意,如在空地中一株高大乔木自然会成为人们关注的对象、视觉的焦点,在景观中成为主景。但是并非只有高大乔木才具有这种功能,应该说,每一种植物都拥有这样的潜质,问题是设计师是否能够发现并加以合理利用。比如在草坪中,一丛花满枝头的紫薇就会成为视觉焦点,在瑞雪过后,一株红瑞木会让人眼前一亮,在阴暗的角落,几株玉簪会令人赏心悦目等。

(2)障景和引景

古典园林讲究"山穷水尽、柳暗花明"通过障景,使得视线无法通达,利用人的好奇心,引导游人继续前行,探究屏障之后的景物,即所谓引景。其实障景的同时就起到了引景的作用,而要达到引景的效果就需要借助障景的手法,两者密不可分。

在景观创造的过程中,尽管植物往往同时担当障景与引景的作用,但面对不同的状况,某一功能也可能成为主导,相应的所选植物也会有所不同。比如在视线所及之处景观效果不佳,或者有不希望游人看到的物体,在这个方向上栽植的植物主要承担障景的作用,而这个"景"一般是"引"不得的,所以应该选择枝叶茂密、阻隔作用较好的植物,并且最好是"拒人于千里之外"的,一些常绿针叶植物应该是最佳的选择,比如云杉、桧柏、侧柏等就比较适合。如某企业庭院紧邻城市主干道,外围有立交桥、高压电线等设施,景观效果不是太好,所以在这一方向上栽植高大的桧柏,以阻挡视线。

与此相反,某些景观隐匿于园林深处,此时引景的作用就更重要了,而障景也是必要的,但是不能挡得太死,要有一种"犹抱琵琶半遮面"的感觉,此时应该选择枝叶相对稀疏、欣赏价值较高的植物,如油松、银杏、栾树等。

(3)框景与透景

将优美的自然景色通过门窗或植物等元素加以限定,如同画框与图画的关系,这种景观处理方式称为框景。框景常常让人产生错觉,疑似挂在墙外的图画,所以框景有"尺幅窗,无心画"之称,古典园林中框景的上方常常有"画中游"或者"别有洞天"之类的匾额,利用植物构成框景在现代园林中非常普遍。高大的乔木构成一个视窗,通过"窗口"可以看到远处优美的景致。植物框景也常常与透景组合,两侧的植物构成框景,将人的视线引向远方,这条视线则称为"远景线"。

构成框景的植物应该选用高大、挺拔的植物,透景植物则要求比较低矮,不能阻挡视线,可选形状规整的植物,比如龙柏、侧柏、油松等。而具有较高的观赏价值的,可选一些草坪、地被植物、低矮的花灌木等植物,前景要通透,形成透景。

4. 植物的统一和联系功能

景观中的植物,尤其是同一种植物,能够使得两个无关联的元素在视觉上联系起来,形成统一的效果。如图 3.34 所示,临街的两栋建筑之间缺少联系,而在两者之间种植上植物之后,两栋建筑物之间似乎构成联系,整个景观的完整性得到了加强。再如图 3.35 所示,图 3.35(a)中两组植物之间缺少联系,各自独立,没有一个整体的感觉,而图 3.35(b)中在两者之间栽植低矮的球形灌木,原先相互独立的两个组团被联系起来,形成了统一的效果。其实要想使独立的两个部分(如植物组团、建筑物或者构筑物等)产生视觉上的联系,只要在两者之间加入相同的元素,并且最好呈水平延展状态,比如扁球形植物或者匍匐生长的植物(如铺地柏、地被植物等),从而产生"你中有我,我中有你"的感觉,就可以保证景观的视觉连续性,获得统一的效果。

图 3.34　利用植物加强两栋建筑物之间的联系

5. 植物的强调和标示功能

某些植物具有特殊的外形、色彩、质地,能够成为众人瞩目的

（a）两组植物间缺少联系

（b）栽植低矮球形灌木，联系两组植物

图 3.35　利用灌木将两个组团联系起来

对象,同时也会使其周围的景物被关注,这一点就是植物的强调和标示功能。在一些公共场所的出入口、道路交叉点、庭院大门、建筑入口等需要强调、指示的位置,合理配置植物能够引起人们的注意。比如居住区中由于建筑物外观、布局和周围环境都比较相似,环境的可识别性较差,为了提高环境的可识别性,除了利用指示标牌之外,还可以在不同的组团中配置不同的植物,既丰富了景观,又可以成为独特的标识,如图 3.36 所示。

园林中地形的高低起伏可使空间发生变化,也易使人产生新奇感。利用植物元素能够强调地形的高低起伏,如图 3.37(a)所示,在地势较高处种植高大、挺拔的乔木,可以使地形起伏变化更加明显。与此相反,如果在地势凹处栽植植物,或者在山顶栽植低

图 3.36　植物的强调、标示功能

　　矮的、平展的植物可以使地势趋于平缓,如图 3.37(b)所示。在园林景观营造中可以应用植物的这种功能,形成或突兀起伏或平缓的地形景观,与大规模的地形改造相比,可以说是事半功倍。

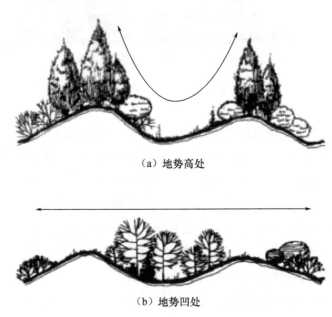

(a) 地势高处

(b) 地势凹处

图 3.37　利用植物强调或削弱地形变化

6. 植物的柔化功能

　　植物景观被称为软质景观,主要是因为植物造型柔和、较少棱角,颜色多为绿色,令人放松。因此在建筑物前、道路边沿、水体驳岸等处种植植物,可以起到柔化的作用。如图 3.38 所示,建筑物墙基处栽植的灌木、常绿植物软化了僵硬的堵塞线,而建筑之前栽植的阔叶乔木也起到同样的作用。图中表现的是冬季景观,尽管落叶之后,剩下光秃秃的树干,但是在冬季阳光的照射下,枝干在地面上和墙面上形成斑驳的落影,树与影、虚与实形成对比,也使得整个环境变得温馨、柔和。但需要注意的是,建筑物前面不要选择曲折类植物,比如龙爪桑、龙爪柳等,因为这些植物的枝干在墙面上投下的影子会很奇异,令人感觉不舒服。

图 3.38　植物的柔化功能

7. 植物的经济功能

　　无论是日常生活,还是工业生产,植物一直都在为人类无私地奉献着。植物作为建筑、食品、化工等的主要原材料,产生了巨大的直接经济效益;通过保护、优化环境,植物又创造了巨大的间接经济效益。如此看来,如果我们在利用植物美化、优化环境的同时,又能获取一定的经济效益,这又何乐而不为呢。当然,片面地强调经济效益也是不可取的。园林植物景观的创建应该是在满足生态、观赏等各方面需要的基础上,尽量提高其经济效益。植物设计应该在掌握植物观赏特性和生态学属性的基础上,对植物加以合理利用,从而最大限度地发挥植物的效益。

(二)植物形态

在空间设计中,植物的总体形态——树形,是构成景观的基本因素之一。不同树形的树木经过妥善的配置和安排,可以产生韵律感、层次感等种种艺术组景的效果,可以表达和深化空间的意蕴。树形由树冠和树干组成。自然生长状态下,植物外形的常见类型有圆柱形、尖塔形、圆锥形、伞形、圆球形、半圆形、卵形、广卵形、匍匐形等,特殊的有垂枝形、拱枝形、棕榈形等(见图3.39)。

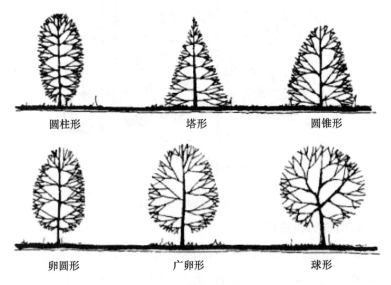

图 3.39 各种植物形态

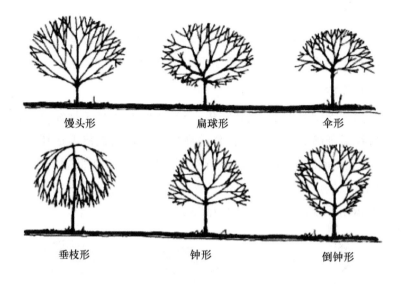

续图 3.39

（三）植物的大小

　　按照植物的高度、外观形态可以将植物分为乔木、灌木、地被三大类,如果按照植物的高矮再加以细分,可以分为大乔木、中乔木、小乔木、高灌木、中灌木、矮灌木、地被等类型,如图 3.40 所示。

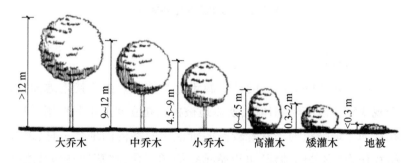

图 3.40　植物的大小分类

1. 乔木

在开阔空间中,多以大乔木作为主体景观,构成空间的框架。中小乔木作为大乔木的背景,也可以作为较小空间的主景。

2. 灌木

灌木无明显主干,枝叶密集,当灌木的高度高于视线,就可以构成视觉屏障。所以一些较高的灌木常密植或被修剪成树墙、绿篱、替代僵硬的围墙、栏杆,进行空间的围合。对于低矮的灌木尽管也可以构成空间的界定,但更多的时候是被修剪成植物模纹,广泛地运用于现代城市绿化中(见图3.41)。

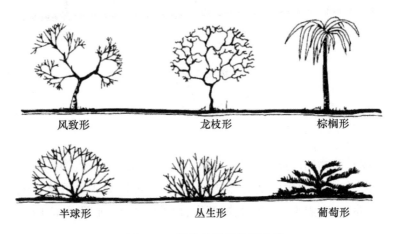

风致形　　　　龙枝形　　　　棕榈形

半球形　　　　丛生形　　　　葡萄形

图3.41　植物的常见外形分类

3. 地被植物

高度在30 cm以下的植物属于地被植物。由于接近地面,对于视线完全没有阻隔作用,所以地被植物在立面上不起作用,但是在地面上地被植物却有着较高的价值。同室内的地毯一样,地被植物作为"室外的地毯"可以暗示空间的变化,在草坪与地被之间形成明确的界线,确立了不同的空间。地被植物在景观中的作用与灌木、乔木是不同的。

二、植物表现

（一）乔木

1.平面

（1）单株树木平面的表示方法

树木的平面表示可先以树干位置为圆心、以树冠平均直径为半径做出圆再加以表现。其手法非常多，变化也非常大。主要采取以下四种方法来表示：轮廓型、分枝型、枝叶型、质感型。

轮廓型：树木平面只用线条勾出轮廓。

分枝型：用线条的组合表示树枝或枝干分叉，相当于树木在落叶后的水平投影图。

枝叶型：既表示分枝也表示冠叶。相当于树冠在中间水平剖切后的水平投影图。

质感型：只用线条的组合或排列表示树木质感。相当于树木在枝繁叶茂时的水平投影图。在绘制的时候为了方便识别和记忆，树木的平面图例最好与其形态特征相一致，尤其是针叶树种与阔叶树种应该加以区分。如图 3.42—图 3.43 所示。

（2）群组和大片树林

尽管树木的种类可用名录详细说明，但常常仍用不同的表现形式表示不同类别的树木。例如，用分枝型表示落叶阔叶树，用加上斜线的轮廓型表示常绿树等。各种表现形式当着上不同的色彩时，就会具有更强的表现力。图 3.43 为不同类型的树木平面图，此树木平面图具有装饰图案的作用，作图时可参考。当表示几株相连的相同树木的平面时，应互相避让使图面形成整体（见图 3.44）。当表示成群树木的平面时可连成一片，表示成林树木的平

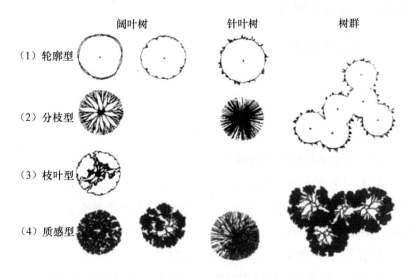

图 3.42　树木平面的四种表示类型

图 3.43　不同类型的树木

面时可只勾勒林缘线(见图 3.45)。

(3)树冠的避让

为了使图面简洁清楚、避免遮挡,基地现状资料图、详图或施工图中的树木平面可用简单的轮廓线表示,有时甚至只用小圆圈

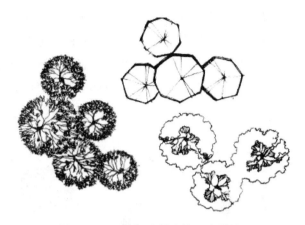

图 3.44　几株相连树木的组合画法

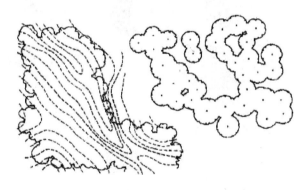

图 3.45　大片树木的平面表示法

标出树干的位置。在设计图中,当树冠下有花台、花坛、水面、石块和竹丛等较低矮的设计内容时,树木平面也不应过于复杂,要注意退让,不要挡住下面的内容。但是,若只是为了表示整个树木群体的平面布置,则可以不考虑树冠的避让,应以强调树冠平面为主。

(4)树木的平面落影

树木的落影是平面树木重要的表现方法,它可以增加图面的对比效果,使图面明快、有生气(图 3.46)。树木的地面落影与树冠的形状、光线的角度和地面条件有关。在园林图中常用落影图表示，有时也可根据树形稍稍做些变化。作树木落影的具体方法可参考图3.47。先选定平面光线的方向，定出落影量以等圆作树冠圆和落影圆，然后擦去树冠下的落影，将其余的落影涂黑，并加以表现。

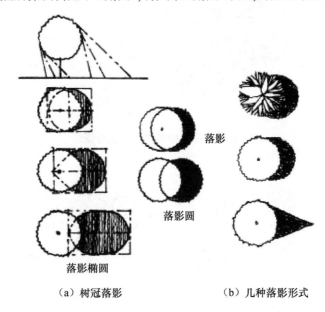

（a）树冠落影　　　　　（b）几种落影形式

图 3.46　落影图

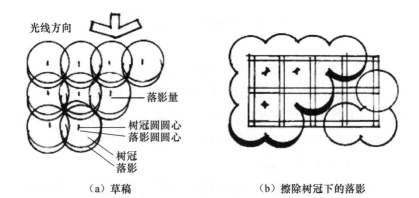

（a）草稿　　　　　　　　（b）擦除树冠下的落影

图 3.47　树木落影的作图步骤

（c）表现图

续图 3.47

2. 立面

树木的立面表示方法也可分成轮廓型、分枝型和枝叶型等几大类型，但有时并不十分严格（见图 3.48）。

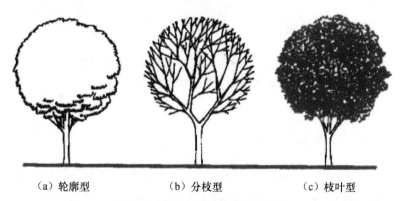

（a）轮廓型　　　　　（b）分枝型　　　　　（c）枝叶型

图 3.48　树木立面图例表现形式

3. 平立面统一

树木在平面、立（剖）面图中的表示方法应相同，表现手法和风格应一致,并保证树木的平面冠径与立面冠幅相等、平面与立面对应、树干的位置处于树冠圆的圆心。这样做出的平面、立(剖)面图才和谐(见图 3.49)。

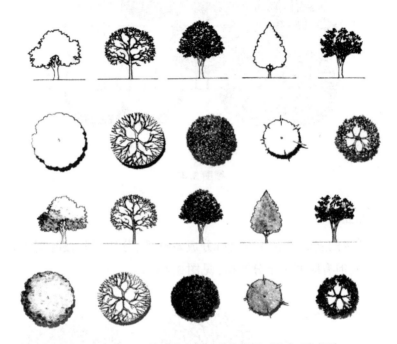

图 3.49　平立面的对应与上色【轮廓型(闲叶)质感型、质感型、轮廓型(针叶)枝叶型】

(二)灌木和地被

平面图中,单株灌木的表示方法与树木相同,如果成从栽植可以描绘植物组团的轮廓线如图 3.50 所示,自然式栽植的灌木丛,轮廓线不规则,修剪的灌木丛或绿篱形状规则或不规则但圆滑。地被一般利用细线勾勒出栽植范围,然后填充图案。灌木的立面或立体效果的表现方法也与乔木相同,只不过灌木一般无主干,分支点较低,体量较小,绘制的时候应抓住每一品种的特点加以描绘,如图 3.51 所示。

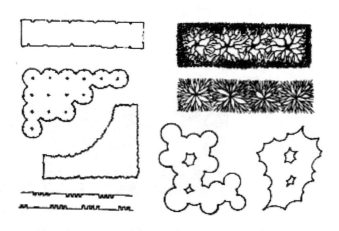

图 3.50　灌丛的平面表现示例

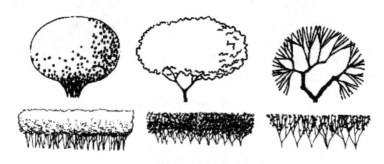

图 3.51　灌木立面

(三) 草坪

在园林景观中草坪作为景观基底占有很大的面积,在绘制时同样也要注意其表现的方法,最为常用的就是打点法。

打点法:利用小圆点表示草坪并通过圆点的疏密变化表现明暗或者凸凹效果,并且将树木、道路、建筑物的边缘或者水体边缘的圆点适当加密,以增强图面的立体感和装饰效果。

线段排列法:线段排列要整齐,行间可以有重叠,也可以留有空白,当然也可以用无规律排列的小短线或者线段表示,这一方法常常用于表现管理粗放的草地或者草场。

此外,还可以利用上面两种方法表现地形等高线,如图 3.52所示。

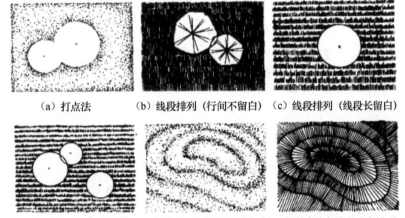

（a）打点法　　（b）线段排列（行间不留白）　（c）线段排列（线段长留白）

（d）线段排列(线段短留白)（e）打点法(等高线处适当加密)（f）等高线加线段垂直排列

图 3.52　草坪的表现技法

三、植物种植结构与空间营造

(一)种植结构

植物是园林要素中丰富多变,且唯一具有生命力的要素。如何通过园林植物和其他设计要素相结合共同构筑园林的整体空间结构是种植设计的本质体现。植物种植结构层次在空间上主要分为平面结构类型和垂直结构类型两大类。平面结构类型侧重的是植物景观在平面构图上的疏密通透以及前景、中景、远景的合理搭配和林缘线的组织,而垂直结构类型侧重的则是植物景观的林冠线的起伏和上层景观、中层景观、下层景观的纵向复合或单一模式的种植形式。

(二)平面结构类型

设计师应利用不同形态、规格及观赏特性的植物在平面设计中表现出形成不同的空间围合形式、长宽比等空间关系,进而构成不同的空间类型。

园林植物形成的开敞空间是指在一定区域范围内,由植物作为主要空间构成要素的,人的视线高于四周景物的空间,如大草坪。这类空间视线通透、开朗、旷达、无私密性。草坪、地被、低矮灌木都是构成开敞空间的天然基底植物,通过不同的高度和不同种类的基底植物来界定空间,暗示空间的范围能够形成典型的开敞空间。

半开敞空间就是指在一定区域范围内四周围不完全开敞,而是有部分视角用植物阻挡了人的视线,人的视线时而通透,时而受阻,富于变化。

封闭空间是空间各界面均被植物封闭,人的视线受到完全屏蔽。封闭空间具有极强的隔离感。

(三)垂直结构类型

在园林植物设计中,植物群落的立体层次配置对形成功能合理、景观优美的植物景观非常重要。在垂直界面上,植物通过几种方式限制着空间和影响着空间感。垂直结构上,种植层次可分为上木、中木、下木,上木的树冠和树干限制着空间范围,中木则在垂直面内完成空间围合或连接作用,常常形成较好的视线闭合环境,形成私密性。垂直观赏面构图中起决定作用的是植物的形状、大小,选用的树种和植物构图方式。

在植物景观中,立面景观是一个很重要的观赏面。由不同种类的植物组成的林冠线形成了丰富多样的景观结构类型,而且上木、中木、下木能复合种植,为了便于叙述,本书依据最上层为上木,其次是中木、下木的复合种植分别称为上区、中区、下区及草区。

在不同的绿地类型中,通过合理地选择丰富的植物品种来形成多层次的复合结构的植物景观,也可以通过选择简单的一种或几种植物品种来形成简洁的植物景观,主要根据不同的空间条件及与周围其他园林要素的有机结合情况,形成一个相融相辅、丰富多彩的景观环境。

四、种植设计的程序

种植设计程序,从分析问题开始,需要进行功能的分区,进而进行种植的规划,再进行单体植物的布置。这是一个由粗到细、由表及里的思维过程。

第一步:分析问题

分析场地,认清问题和发现潜力,以及审阅工程委托人及总体方案设计师的要求,确定需要考虑何种因素与功能,需要解决什么困难以及明确预想的设计效果。

第二步:功能分区图

植物主要起到障景、遮阴、限制空间以及视线焦点的作用。准备一张用抽象方式描述设计要素和功能的工作原理图,粗略地用图、表、符号来表示:室外空间、围墙、屏障、景观以及道路。这一阶段,主要研究大面积种植的区域,关心植物种植区域的位置和相对面积。一般不考虑需要使用何种植物,或各单独植物的具体分布位置。特殊结构、材料或工程细节在此阶段均不重要。为了估价和选择最佳设计方案,往往需要拟出几种不同的、可供选择的功能分区草图(见图 3.53)。

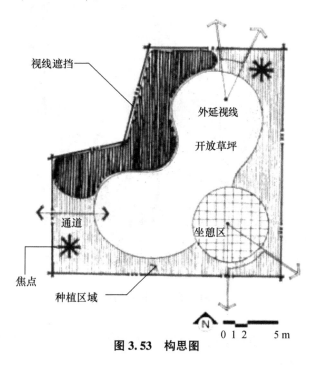

图 3.53 构思图

第三步:种植规划图

分区图完善合理后,才能考虑加入更多的细节和细部设计,称为"种植规划图"。这一阶段主要考虑区域内部的初步布局,应将种植区域分划成更小的、象征各种植物类型、大小、形态的区域,例如可标明如高落叶灌木、矮针叶常绿灌木、观赏乔木等;也应分析植物色彩和质地间的关系,但也无须立即费力安排单株植物或确定具体种类,这样能更好地运用基本方法,在不同的植物观赏特性之间勾画出理想的关系图(见图 3.54)。

在分析一个种植区域的高度关系时,应用立面草图,以概括的方法分析各不同植物区域的相对高度。在考虑不同方向和视点

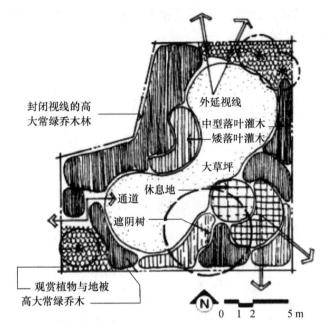

图 3.54　种植规划图

时,应尽可能画出更多的立面组合图,以便从各个角度全面地进行观察,立体布置(见图 3.55)。

　　本阶段的设计关键就是要群体地而不是单体地处理植物素材。原因之一是一个设计中的各组相似因素都会在布局内对视觉统一感产生影响,这是适用各种设计的一条基本原则。首先,当设计中的各个成分互不相关各自孤立时,那么整个设计就可能在视觉上分裂成无数相互抗衡的对立部分。但在另一面,群体或"浓密的集合体"则能将各单独的部分联结成一个统一的整体。其次,植物在自然界中几乎都是以群体形式存在,就其群落结构方式而言,有一个固定的规律性和统一性。

　　唯一需要将植物作为孤立的特殊因素置于设计中的,应是希望将其当作一个独立因素加以突出时才用到。别致的孤植树应该

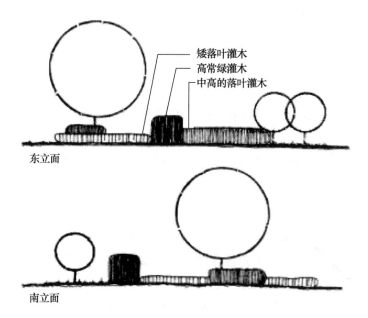

矮落叶灌木
高常绿灌木
中高的落叶灌木

东立面

南立面

图 3.55　不同角度的立体图

安置于一个开放的草坪内,如同一件从各个角度都能观赏到的生动雕塑作品。当然,孤植树也可被置于一群较小植物中,充当这个植物布局中的主景树。但是,在一个设计中,孤植树不宜太多,否则容易使人将注意力分散在众多相异目标上。

第四步:布置单体植物

完成了植物群体的初步组合后,在这一阶段中可以着手开始各基本规划部分,并在其间排列单株植物。当然,此时布置植物主要仍以群体为主,并将其排列以填满种植规划各个区域。在布置单体植物时,应记住以下几点:

1. 设计群体中的单株植物时,植物的成熟程度应在 75%—100%,而不是局限于眼前的幼苗来设计。为避免建园初期景观不佳的麻烦,应将幼树相互分开,以使它们具有成熟后的间隔。随着时间的推移,各单体植物的空隙将会缩小,最后消失。对设计师来说,重要的是要了解植物的幼苗大小,以及最终成熟后的外貌,以便在一个种植设计中将单株植物正确地植于群体中。

2. 在群体中布置单株植物时,应使它们之间有轻微的重叠。为视觉统一的缘故,单株植物的相互重叠面,基本上为各植物直径的 1/4—1/3。

3. 排列植物的原则是将它们按奇数组合排列。如 2.5.7 等组合排列,每组数目不宜过多。奇数之所以能产生统一布局的效果,皆因其组成部分相互配合,相互增补。由于偶数易于分割,因而互相对立。如果是三株一组,人们的视线不会停留在任何单独一株上,而会将其作为一个整体来观赏。如是偶数,视线易于在两者间移动。偶数排列还要求一组中的植物在大小、形状、色彩和质地上统一以保持冠幅的一致和平衡。如果一株死亡,也难以补充大小形状相似的植物。以上植物排列的要点在 7 棵植物或少于该数目时尤为有效。

完成了单株植物的组合后,应该考虑组与组或群与群之间的关系。在这一阶段,单株植物的群体排列原则同样适用。各组植物之间,应如同一组中各单株植物之间一样。在视觉上相互衔接。各组植物之间所形成的空隙或"废空间",应予以彻底消除,因为这些空间既不悦目,又会造成杂乱无序的外观,且极易造成养护的困难。

在考虑植物间的间隙和相对高度时,决不能忽略树冠下面的空间。无经验的设计师往往认为在平面上所观察到的树冠向下延伸到地面,从而不在树冠的平面边沿种其他低矮植物。这无疑会在树冠下面形成废空间,破坏设计的流动性和连贯性。应在树冠下面种些较低的植物。当然,特意在此处构成有用空间则另当别论。

在设计中植物的组合与排列,除了与该布局中的其他植物相配合外,还应与其他要素和形式相配合。种植设计应该涉及地形、建筑、围墙以及各种铺装材料和开阔的草坪。例如,一般来说,植物应该与铺装边缘相辉映,植物在呈直线的铺地材料周围也排列成直线形或在有自由形状特征的布局中呈曲线状。

第五步,选择植物种类

在布局中以群植或孤植形式配置植物的程序上,也应着手分析在何处使用何种植物种类。选取植物种类应遵循一些原则:必须与初步设计阶段所选择的植物大小、体形、色彩以及质地等相近似;设计时应考虑阳光、风及各区域的土壤条件等因素;布局中,应有一种普通种类的植物,以其数量占支配地位,从而确保布局的统一性。这种普通的植物树种应该在树形上呈圆形,具有中间绿色叶以及中粗质地结构。这种具有协调作用的树种应该在视觉上贯穿整个设计。然后,在设计布局中加入不同植物种类,以产生多样化的特性。但是在数量和组合形式上都不能超过原有的这种普通植物,否则将会使原有的统一性毁于一旦。

种植设计程序是从总体到具体,最后确定设计中的植物具体名称有助于帮助设计师在注意布局的某一具体局部之前,研究整个布局及其之间的各种关系。相反,如果首选选取植物种类,并试图将其安插进设计中,会造成设计脱节。

五、基于种植结构层次的不同绿地植物设计程序

不同场地规模应有不同的植物设计方法和程序。大型项目占地面积大、空间尺度大,种植设计应体现整体性,追求植物形成的空间尺度、反映地域特征和整体景观效果,而不应局限于单纯展示植物形体、姿态、花果、色彩等个体美,或堆积大量植物品种。

不同的绿地如居住区、公园、办公区的种植设计,其开敞与封

闭的要求是不一样的,对私密性的要求也不一样。对建筑内外而言,白天室外的光比室内强,因而室内易于观察室外;夜晚室内光照比室外强,因而从室外易于观察室内。这个原因导致居住建筑需要较强的私密性,而办公建筑则不需要强烈的私密性。在设计室外环境时,居住区绿化特别是宅旁绿地常常用多层种植的方法形成较强的私密性,种植结构上更多采用包含中木的种植结构,如上中下结构、中下结构;而办公环境,则较少采用包含中木的种植结构。公园虽然不同功能区的私密性要求不同,但总体上私密要求不高。在公园中过强的私密性反而会使某些区域安全性成为问题,这是我们在设计时需要避免的。当然,居住区中也包含居住区公园、居住小区公园,这要按公园设计要求来。

第四节 园林建筑类型及建筑空间类型

一、园林建筑类型

(一)中式园林建筑

亭、廊、榭、舫、厅、堂、楼、阁、斋、馆、轩等是中国传统园林的主要建筑形式。中式园林建筑作为住宅的延续部分,布局灵活,造型丰富,具有鲜明的特色。

1. 亭

(1)亭的功能

休息:可防日晒雨淋、消暑纳凉,是园林中游人休息之处。

赏景:作为园林中凭眺、畅览园林景色的赏景点。

点景:亭的位置、体量、色彩、质地等因地制宜,表达出各种园林情趣,成为园林景观构图中心。

专用:作为特定目的使用,如纪念亭、碑亭、井亭 、鼓乐亭。

(2)亭的类型

按亭的形态可分为南亭和北亭。

按亭的屋顶形式可分为攒尖顶、歇山顶、庑殿顶、盝顶、十字顶、悬山顶等。

按亭的平面分为正多边形平面、不等边形平面、曲边形平面、半亭平面、组合亭平面、不规则平面。

按材料不同分为木亭、石亭、竹亭、茅草亭以及铜亭等。

2. 廊

(1)廊的功能

廊是有顶盖的游览通道,可防雨遮阳,联系不同景点和园林建筑,并自成游憩空间。它可分隔或围合不同形状和情趣的园林空间,通透的、封闭的或半透半合的分隔方式,变化出丰富的园林景物。

廊作为山麓和水岸的边际联系纽带,能勾勒山体的脊线走向和轮廓。

(2)廊的类型

从平面划分可分为曲尺回廊、抄手廊、之字廊、弧形月牙廊。

从立面划分可分为平廊、跌落廊、坡廊。

从剖面划分可分为水面空廊、半壁廊、单面空廊、暖廊、复廊、楼廊。

3. 榭

榭的原意是指土台上的木构之物,我们今天所能见到的榭已与之相去甚远。明代造园家计成的理解是:"《释名》云,榭者籍也。籍景而成者也。或水边或花畔,制亦随态。"可见明清园林中的榭并非以建筑的形制命名,而是根据所处的位置来定。常见的水榭大多为临水开敞的小型建筑,前设座栏,即美人靠,可让人凭栏观景。建筑基部大多挑出水面,下用柱、墩架起,与干阑式建筑相类似。这种建筑形制与单层阁的含义相近,因此也称水阁,如苏州网师园的濯缨水阁、耦园的山水阁等。

榭在园林之中除了满足人们休息、游赏的一般功能要求之外,主要起观景和点景的作用,是园内景色的"点缀品"。其一般不作为园林之中的主体建筑,但其对丰富景观和游览内容的作用十分明显。

4. 舫

舫的基本形式与船相似,舫的基座一般用石砌成船甲板状,其上木构成船舱形。木构部分通常又被分为三份,船头处做歇山顶,前面开敞、较高,因其状如官帽,俗称官帽厅。舱略低,做两坡顶,其内用隔扇分出前后舱,两边设支摘窗,用于通风采光,尾部做两层,上层可登临,顶用歇山顶。尽管舫有时仅前端头部突出水中,但仍用条石仿跳板与池岸联系。

5. 斋

斋的含义是专心工作的地方,并无固定形制,一般修身养性之所皆可称为"斋"。园林之中设斋一般选址于园子的一隅,以取其静谧。虽然有门、廊等可以和园内相通,但需要做一定的遮掩,使游人不知路线安排来达到"迂回进人"的效果。

6. 厅与堂

厅是具有会客、观赏花木和欣赏小型表演等功能的建筑,是古代园林宅第中的公共建筑。厅前常广植花木,叠山垒石,一般前后开门设窗,也有四面开设门窗的四面厅。堂则为居住建筑中对正房的称呼,一般为家长所用。其常位于建筑群的中轴线之上,形制庄严,室内常用博古架、落地罩和隔扇等进行空间分隔。明清以降,厅堂在建筑形制上已无一定制度,尤其在园林建筑中,常随意指为厅、为堂。在江南,有以梁架用料进行区分的,用扁方料者曰

"扁作厅",用圆料者曰"圆堂"。

7. 楼与阁

楼是两层以上的屋,有"重层曰楼"之说。楼在园林之中一般用作卧室、书房,由于其建筑高度较高,常作为重要观景建筑,且本身自成园内重要景点。阁与楼相似,但体量更小,其多为方形或多边形的两层建筑,四面开窗,一般用来藏书或作为宗教使用的场所。

8. 馆与轩

馆与轩是园林中最多的建筑,并无固定形制,其实属厅堂类型,但置于次要位置。从词义上看,"轩"有两种不同含义,一为"飞举之貌";一为"车前高曰轩"。园林建筑中的轩亦由此衍生而来,故指一种单体小建筑。轩的形式有船篷轩、鹤胫轩、菱角轩、海棠轩、弓形轩等。《说文》将"馆"定义为客舍,也就是接待宾客,供其临时居住的建筑。古典园林中称"馆"的建筑既多又随意,无一定之规可循。但凡具备观览、眺望、起居、宴乐之用者均可名之为"馆"。一般所处地位较显敞,多为成组的建筑群。

(二)常见西方传统园林建筑类型

西方传统园林建筑随西方文明的演进以及建筑的发展形成了多种多样的风格和类型,我们以时代为线索,按照其建筑风格做简要介绍。

1. 古罗马和古希腊园林建筑

最具特色和常见的古罗马园林是柱廊园,其特点是住宅庭园封闭性较强,以建筑围绕庭园、周围环以柱廊,庭园是住宅的一部分。庭园起初是硬地或栽植蔬菜香草的园圃,后成为以休闲娱乐为主的花园,常以喷泉点缀。

古希腊建筑最为鲜明的形式特点是其特定的柱式,柱式是指石质梁柱结构体系各部分样式和它们之间组合搭接方式的完整规范。完整的柱式由檐部、柱以及台基组成。其中檐部包括檐口、檐壁和额枋三部分;柱包括柱头、柱身、柱础三部分;台基则由基础、基身和基檐所组成。

常见古希腊柱式分为多立克柱式(Dorico order)、爱奥尼柱式(Ionic order)和科林斯柱式(Corinthian order)。古罗马柱在上述三种柱式基础上,又发展出塔司干柱式(Tuscan order),结合上述两种以上样式的混合柱式(composite order)。故古罗马柱式共有四种。

多立克柱式(Dorico order)柱子比例粗壮,高度约为底径的4—6倍,柱身有凹槽,槽背呈尖形,没有柱础,檐部高度约为整个柱式高度的1/4,柱距约为底径的1.2—1.5倍。使用多立克柱式的代表性建筑有帕特农神庙。

爱奥尼柱式(Ionic order)柱子比例修长,高度约为底径的9—10倍,柱身有凹槽,槽背呈带形,檐部高度约为整个柱式高度的1/5,柱距约为底径的2倍。代表性建筑有胜利女神神庙。

科林斯柱式(Corinthian order)除了柱头如满盛卷草的花篮外,其他同爱奥尼柱式。

塔司干柱式(Tuscan order)其实就是去掉柱身齿槽的简化多立克柱式,柱础是较薄的圆环面,柱高跟柱径的比例是7:1,柱身粗壮。

2. 巴洛克式风景园林建筑

巴洛克建筑是产生于文艺复兴高潮后的一种建筑文化艺术风格,意为畸形的珍珠,其艺术特点就是怪诞、扭曲、不规整。巴洛克建筑风格的基调是富丽堂皇而新奇欢畅,具有强烈的世俗享乐味道。巴洛克式建筑的特点是使用大量贵重材料,精细加工,刻意装饰;不囿于结构逻辑,常常采用一些非理性组合手法,从而产生反常与惊奇的特殊效果,充满欢乐氛围,提倡世俗化,注重艺术,标新立异,追求新奇。另外其常常采用以椭圆为基础的"S"形、波浪形的平立面,使建筑形象充满动感;或把建筑和雕刻两者混合以求新奇感;又或者用高低错落及形式构件间的某种不协调,引起刺激感。

巴洛克式风景园林建筑的代表有意大利法尔奈斯庄园、埃斯特庄园、特列维喷泉;英国霍华德庄园、梵蒂冈圣彼得广场、牛津布莱尼姆宫等。

3. 新艺术运动时期园林建筑

新艺术运动不是一种建筑风格,是传统设计和现代设计之间承上启下的重要阶段,其间涌现出了许多杰出的作品。建筑师高迪的作品充满各种风格折中创新的思想,从曲线风格发展到极端的有机形态和一种建筑平衡,是了解"新艺术运动"风格最为有效的典型。高迪设计的巴塞罗那奎尔公园是人类历史上最为伟大的景观建筑作品之一,现为世界文化遗产。

二、建筑空间类型

中国古代思想家、哲学家老子说过一句话:"三十幅为一毂。当其无,有车之用;埏埴以为器,当其无,有器之用;凿户牖以为室,当其无,有室之用。故有之以为利,无之以为用。"这句话道破了空间的真正含义,一直为国内外建筑界所津津乐道。其意思是,建筑对人来说,真正具有价值的不是建筑本身的实体外壳,而是当中"无"的部分,所以"有"(指门、窗、墙、屋顶等实体)是一种手段,真正是靠虚的空间起作用。这句话明确指出"空间"是建筑的本质,是建筑的生命。因此,领会空间、感受空间就成为认识建筑的关键。

空间作为建筑的构成要素之一,是建筑创造中最核心的元素,是建筑创造出的出发点和归结点。建筑空间是一个复合型的、多义型的概念,很难用某种特定的参考系作为统一的分类标准。因此,按照不同的分类方式可以进行以下划分。

(一)按使用性质分

公共空间:凡是可以由社会成员共同使用的空间,如展览厅、餐厅等。

半公共空间:指介于城市公共空间与私密空间或专有空间之间,如居住建筑的公共楼梯、走廊等。

私密空间:由个人或家庭占有的空间,如住宅、宿舍等。

专有空间:指供某一特定的行为或为某一特殊的集团服务的建筑空间。既不同于完全开放的公共空间,又不是私人使用的私密空间。如小区垃圾周转站、配电室等。

(二)按边界形态分

空间形态主要靠界面、边界形态确定空间形态。分为封闭空间、开敞空间、中介空间。

封闭空间:这种空间的界面相对较为封闭,限定性强,空间流动性小。具有内向性、收敛性、向心性、领域感和安全感,如卧室、办公室等。

开敞空间:指界面非常开敞,对空间的限定性非常弱的一类空间。具有通透性、流动性、发散性。相对封闭空间来说,显得大一些,驻留性不强,私密性不够。如风景区接待建筑的入口大厅、共享交流空间等。

中介空间:介于封闭空间与开敞空间之间的过渡形态,具有界面限定性不强的特点。如建筑入口雨篷、外廊、连廊等。

（三）按组合方式分

按不同空间组合形式的不同,可分为加法构成空间、减法构成空间。

加法构成空间:在原有空间上增加、附带另外的空间,并且不破坏原有空间的形态。

减法构成空间:在原有的空间基础上减掉部分空间。

（四）按空间态势分

相对围合空间的实体来说,空间是一种虚的东西,通过人的主观感受和体验,产生某种态势,形成动与静的区别,还具有流动性。可分为动态空间、静态空间、流动空间。

动态空间:指空间没有明确的中心,具有很强的流动性,产生强烈的动势。

静态空间:指空间相对较为稳定,有一定的控制中心,可产生较强的驻留感。

流动空间:在垂直或水平方向上都采用象征性的分隔,保持最大限度的交融与连续,视线通透,交通无阻隔或极小阻隔,追求连续的运动特征。

（五）按结构特征分

建筑空间存在的形式各异,其结构特征基本上分为两类:单一空间和复合空间。

单一空间:只有一个形象单元的空间,一般建筑、房间多为简单的抽象几何形体。

复合空间:按一定的组合方式结合在一起的,具有复杂形象的空间。大部分建筑都不只有一个房间,建筑空间多为复合空间,有主有次,以某种结构方式组合在一起。

(六)按分隔手段分

有些空间是固定的,有些空间是活动的,围合空间出现的变化产生了固定空间和可变空间。

固定空间:是经过深思熟虑后,用途不变、功能明确、位置固定的空间。

可变空间:为适应不同使用功能的需要,用灵活可变的分隔方式(如折叠门、帷幔、屏风等)来围隔的空间,具有可大可小,或开敞或封闭,形态可产生变化。

(七)按空间的确定性分

空间的限定性并不总是明确的,因其确定性程度的不同,会产生不同的空间类型,如肯定空间、模糊空间、虚拟空间。

肯定空间:界面清晰、范围明确,具有领域感。

模糊空间:其形状并不十分明确,常介于室内和室外、开敞和封闭两种空间类型之间,其位置也常处于两部分空间之间,很难判断其归属,也称灰空间。

虚拟空间:边界限定非常弱,要依靠联想和人的完形心理从视觉上完成其空间的形态限定。它处于原来的空间中,但又具有一定的独立性和领域感。

第四章 风景园林生态环境
规划与建设

第一节 风景园林生态规划

一、风景园林生态规划概述

风景园林生态规划是指运用园林生态学的原理,以区域园林生态系统的整体优化为基本目标,在园林生态分析、综合评价的基础上,建立区域园林生态系统的优化空间结构和模式,最终的目标是建立一个结构合理、功能完善、可持续发展的园林生态系统。生态规划与风景园林生态规划既有差异也有共同点,生态规划强调大、中尺度的生态要素的分析和评价的重要性,如城市生态规划;而风景园林生态规划则以在某个区域生态特征的基础上的园林配置为主要目标,如对城市公园绿地、广场、居住区、道路系统、主题公园、生态公园等的规划。

传统的风景园林绿地系统规划是以园林学和城市规划学为基础的,城市园林绿地设计的主要内容多以塑造室外空间环境、满足城市居民对绿地空间的使用要求为主。从具体的实施效果来看,传统的城市园林绿地系统规划也存在较多的问题,如园林绿地系统规划设计缺少科学的理论支撑,缺少生态学方面的考虑,对城市绿地系统在再现自然、维持生态平衡、保护生物多样性、保证城市功能良性循环和城市系统功能的整体稳定发挥等方面的考虑与认识明显不足;城市园林绿地规划设计过分强调绿地的形式美,绿地人工化倾向较为严重,部分城市甚至把建设大草坪广场作为一种时尚,以破坏自然为代价来换取整齐的人工园林景观,缺少对原有自然环境的尊重,忽略了景观整体空间上的合理配置,致使园林景观封闭、物种单一、异质性差、功能不完善;在城市园林绿地的建设过程中,受经济利益的驱动致使城市大量现有和规划绿地被侵占,公共绿地建设速度极其缓慢,园林绿地建设往往同社会效益、经济效益明显对立起来,这是造成城市园林绿地实际实施效果不佳的主要原因之一。

而以园林生态学为指导的园林绿地系统规划十分注重融合生态学及相关交叉学科的研究成果,提倡在城市园林绿地系统规划中融入生态学和园林规划的思想,使城市园林绿地规划与园林生态规划实现有机结合,对城市绿地系统的布局进行深入的分析研究,使建成的城市园林绿地不仅外部形态符合美学规律以及居民日常生活行为的需求,同时其内部和整体结构也符合生态学原理和生物学特性要求,城市绿地系统在城市复合生态系统中肩负着提供健康、安全的生存空间,创造和谐的生活氛围,发展高效的环境经济,以实现城市可持续发展的使命。

二、风景园林生态规划原则

(一)整体性原则

风景园林生态规划遵循整体性原则时,第一,要保证相当规模的绿色空间和绿地总量,要充分尊重城市原有的自然景观和人文景观;第二,要增加园林绿地的空间异质性,合理进行植物配置,构筑稳定的复层混合立体式植物群落,提高环境多样性和多维度,丰富物种多样性;第三,要合理设计城市绿地空间布局,构筑生物廊道,重现城郊绿化,完善园林绿地系统结构与功能;第四,要提高绿地的连接度,为边缘物种提供生境,注重保护郊区大面积绿地,通过生物通道的合理设计和建造来维持景观稳定发展,保持物种多样性。

(二)自然优先原则

保护自然景观资源和维持自然景观生态过程及功能,是保护生物多样性及合理开发利用资源的前提,是景观持续性的基础。自然景观资源包括原始自然保留地、历史文化遗迹、森林、湖泊,以及大的植物斑块等,它们对保持区域基本的生态过程和生命维持系统及生物多样性保护具有重要意义。地带性植被是最稳定的植被类型,它是在大气候条件下形成和发展的。规划种植的植物必须因地制宜、因时制宜,要借鉴地带性植被的种类组成、结构特征和演替规律,以乔木为骨架,以木本植物为主体,在城市中艺术地再现地带性植被类型。此外,城市的自然地理因素是重要的景观资源和生态要素。城市园林生态系统规划应充分利用这些要素,因地制宜地组织由城市景观廊道及各类斑块绿地构成的、完整的、连续的城市绿地空间系统。

(三)生态位原理

风景园林生态系统的生物都具有生态位,就是说不仅要考虑其现存自然生态条件,还要考虑其所必需的社会经济条件。由于不同植物的生长速度、寿命长短以及对光、水、土壤等环境因子的要求不同,配置时如果没有充分考虑植物的种间关系,那么就会影响个体生长,种间恶性竞争会导致在数年后植物群落退化,功能衰减,达不到设计的预想效果,同时也是对人力和物力的浪费。因此,在人工植物群落的构建过程中,应根据本地植物群落演替的规律,充分考虑群落的物种组成,选配生态位重叠较少的物种,并利用不同生态位植物对环境资源需求的差异,确定合理的种植密度和结构,以保持群落的稳定性。增强群落的自我调节能力,保持系统的能量流动、物质循环、信息传递过程的正常进行,维持植物群落平衡与稳定的发展。

三、风景园林生态规划步骤与内容

(一)风景园林生态规划的步骤

1. 编制规划大纲

接受风景园林生态规划任务后,应首先明确风景园林生态规划的目的,确立科学的发展目标(包括生态还原、产业地位和社会文化发展)。为达到风景园林生态规划的目的、保证规划的合理,使规划目和对象明确,在规划工作展开的前期,应做可行性分析。对于不可能实现的园林生态规划任务应主动放弃;对难以实现的任务,应在反复研究、充分论证的基础上考虑重新立项,或改变规划的目的和对象;对于能够实现的任务,要分析背景,提出问题,编制规划大纲。

2. 风景园林生态环境调查与资料收集

风景园林生态环境调查是风景园林生态规划的首要工作,主要是调查收集规划区域的气候、土壤、地形、水文、生物、人文等方面资料,包括对历史资料、现状资料、卫星图片、航片资料、访问当地人获得的资料、实地调查资料等的收集,然后进行初步的统计分析、因子相关分析以及现场核实与图件清绘工作,建立资料数据库。

3. 风景园林生态系统分析与评估

主要是分析风景园林生态系统结构与功能状况,辨识生态位势,评估生态系统健康度、可持续度等,提出自然、社会、经济发展的优势、劣势和制约因子。该步骤是风景园林生态规划的主要内容,为规划提供决策依据。

4. 风景园林生态环境区划和生态功能区划

主要是对区域空间在结构功能上的类聚和划分,是生态空间规划、产业布局规划、土地利用规划等规划的基础。

5. 规划设计与规划方案的建立

根据区域发展要求和生态规划的目标,在研究区域的生态环境、资源及社会条件在内的适宜度和承载力范围内,选择最适于区域发展方案的措施,一般分为战略规划和专项规划两种。

6. 规划方案的分析与决策

根据设计的规划方案,通过风险评估和损益分析等对方案进行可行性分析,同时分析规划区域的执行能力和潜力。

7. 规划的调控体系

建立生态监控系统,从时间、空间数量、结构、机理等方面监测人、事、物的变化,并及时反馈与决策;建立规划支持保障系统,包括科技支持、资金支持和管理支持系统,从而建立规划的调控体系。

8. 方案的实施与执行

规划完成后由有关部门分别论证实施,并应由政府和市民进行管理和执行。

(二)风景园林生态规划的内容

1. 生态环境调查与资料搜集

关于风景园林生态规划的内容涉及范围较广,调查内容及方法如下:

（1）生态环境调查。生态环境的调查内容包括生态系统调查、生态结构与功能调查、社会经济生态调查和区域特殊保护目标调查等。

①生态系统调查包括对动、植物物种，特别是珍稀濒危物种的种类、数量、分布、生活习性、生长、繁殖及迁移行为规律的调查；对生态系统的类型、特点、结构及环境服务功能的调查；对与其他环境因素的关系等生态限制因素的调查。

②社会经济生态调查包括社会生态调查和经济生态调查。社会生态调查内容主要包括人口、环境意识、环境道德、科技、环境法制和环境管理等方面问题。经济生态调查主要有产业结构调查与分析、能源结构调查与分析、经济密度及其分布、投资结构调查与分析等。

③生态结构与功能调查包括形态结构调查、绿地系统结构调查和区域内主要生物群落结构特点及变化趋势调查。绿地系统结构调查内容主要包括公共绿地、道路绿地、防护绿地、专用绿地、生产绿地等各种绿地所占的比例，乔、灌、草的组合及树种的组合，绿化覆盖率及其分布，以及人均公共绿地等。

④区域特殊保护目标调查需重点关注特殊生态保护目标，如有地方性敏感生态目标（如自然景观、风景名胜、地质遗迹、动植物园等）、脆弱生态系统（如荒漠生态系统等）、生态安全区、重要生境（如热带雨林、原始森林、湿地生态系统等）等。

（2）调查方法。

①搜集现有资料。从农、林、牧、渔等资源部门搜集植物区系及土壤类型地图等形式的资料；搜集各级政府部门有关土地利用、自然资源、自然保护区、珍稀和濒危物种保护的规划或规定、环境功能区划、生态功能规划及确认的有特殊意义的栖息地和珍稀濒危物种等资料。

②现场调查。采用现场考察和网格定位采样分析。

③搜集遥感资料,建立地理信息系统,应用 3S 技术采集大区域、最新最准确的资料和信息。

④借助专家咨询、民意测验等公众参与的方法来弥补数据的不足。

2. 生态系统分析与评估

生态系统分析与评估包括生态过程分析、生态潜力分析、生态敏感性分析、环境容量和生态适宜度分析等内容。

3. 生态功能区划

生态功能区划是实施区域生态环境分区管理的基础和前提,是进行生态规划的基础。生态功能区划的要点是以正确认识区域生态环境特征、生态问题性质及产生的根源为基础,以保护和改善区域生态环境为目的,依据区域生态系统服务功能的不同、生态敏感性的差异和人类活动影响程度,分别采取不同的对策。综合考虑生态要素的现状、问题、发展趋势及生态适宜度,提出工业、农业、生活居住、对外交通、仓储、公建、园林绿化、游乐功能区的综合划分以及大型生态工程布局方案。例如,在城市规划时,根据城市功能性质和环境条件而划分为居民区、商业区、工业区、仓储区、车站及行政中心区等。

由于生态环境问题形成原因的复杂性和地方上的差异性,使得不同区域存在的生态环境问题有所不同,其导致的结果也可能存在较大的差别。这就要求在充分认识客观自然条件的基础上,依据区域生态环境主要生态过程、服务功能特点和人类活动规律进行区域的划分和合并,最终确定不同的区域单元,明确其对人类的生态服务功能和生态敏感性大小,有针对性地进行区域生态建设政策的制定和合理的环境整治。生态功能区划应充分考虑各功能区对环境质量的要求及对环境的影响。具体操作时,可将土地利用评价图、工业和居住地适宜度等图样进行叠加、综合分析,进行生态功能区划。生态功能区划必须遵循有利于经济和社会发展、有利于居民生活、有利于生态环境建设这三个原则,力求实现经济效益、社会效益、生态效益的统一。

4. 环境区划

环境区划是生态规划的重要组成部分,应从整体出发进行研究,分析不同发展时期环境污染对生态状况的影响,根据各功能区的不同环境目标,按功能区实行分区生态环境质量管理,逐步达到生态规划目标的要求。其主要内容包括:区域环境污染总量控制规划,如大气污染物总量控制规划、水污染物总量控制规划等;环境污染防治规划,如水污染防治规划、大气污染防治规划、环境噪声污染规划、固体废物处理与处置规划、重点行业和企业污染防治规划等。

5. 人口容量规划

人类的生产和生活对区域及城市生态系统的发展起决定性作用:人口容量规划的研究内容包括人口分布、密度、规模、年龄结构、文化素质、性别比例、自然增长率、机械增长率、人口组成、流动人口基本情况等。制定适宜人口环境容量的规划是城市生态规划的重要内容,将有助于降低按人口平均的资源消耗和环境影响,节约能源,充分发挥城市的综合功能,提高社会、经济和环境效益。

6. 产业结构与布局规划

合理调整区域及城市的产业布局是改善区域及城市生态结构、防治污染的重要措施。城市的产业布局要符合生态要求,根据风向、风频等自然要素和环境条件的要求,在生态适宜度大的地区设置工业区。各工业区对环境和资源的要求不同,对环境的影响也不一样。在产业布局中,隔离工业一般布置在城市边缘的独立地段上;污染严重的工业布置在城市边缘地带;对那些散发大量有害烟尘和毒性、腐蚀性气体的工业,如钢铁、水泥、炼铝、有色冶金等应布置在最小风频风向上、下风侧;对于那些污水排放量大,污染严重的造纸、石油化工和印染等企业,应避免在地表水和地下水上游建厂。

第二节 风景园林生态设计

一、风景园林生态设计的原则

(一)协调、共生原则

协调是指保持风景园林生态系统中各子系统、各组分、各层次之间相互关系的有序和动态平衡,以保证系统的结构稳定和整体功能的有效发挥。如豆科和禾本科植物、松树与蕨类植物种植在一起能相互协调、促进生长,而松和云杉之间具有对抗性,相互之间产生干扰、竞争、互相排斥。

共生是指不同种生物基于互惠互利关系而共同生活在一起。如豆科植物与根瘤菌的共生、赤杨属植物与放线菌的共生等。这里主要是指园林生态系统中各组分之间的合作共存、互惠互利。园林生态系统的多样性越丰富,其共生的可能性就越大。

(二)生态适应原则

生态适应包括生物对园林环境的适应和园林环境对生物的选择两个方面。因地制宜、适地适树是生态适应原则的具体表现。城市热岛效应、城市风及城市环境污染常改变城市的生态环境,给园林植物的适应带来障碍。因此,在进行风景园林生态设计时必须考虑这种现状。同时,环境决定园林植物的分布,温暖湿润的热带及亚热带地区,环境适宜,植物种类丰富,可利用的园林植物资源也丰富;而寒冷干旱的北方地区,植物种类明显减少。

某一特定环境,是由多个生态因子共同作用的,但通常会有一两个生态因子起主导作用,故考虑植物适应性时应注意当地的环境条件。如高山植物长年生活在云雾缭绕的环境中,在将其引种到低海拔平地时,空气湿度是存活的主导因子,种在树荫下一般较易成活。

乡土物种是经过与当地环境条件长期的协同进化和自然选择所保留下来的物种,对当地的气候、土壤等环境条件具有良好的适应性。风景园林生态设计应保护和发展乡土物种,限制引用外来物种,使园林生态系统成为乡土物种和乡土生物的栖息地。

(三)种群优化原则

生物种群优化包括种类的优化选择和结构的优化设计两方面。

种类选择除了考虑环境生态适应性以外,还应考虑园林生态系统的多功能特点和对人的有益作用。例如,居民区绿化,应选择对人体健康无害,并对生态环境有较好作用的植物,可适当地使用一些杀菌能力强的芳香植物。以香化环境,增强居住区绿地的生态保健功能。居民区切记不要选择有飞絮、有毒、有刺激性气味的植物,儿童容易触及的区域不要选择带刺的植物。

有针对性地选择具有抗污能力、耐污能力、滞尘能力、杀菌能力强的园林植物,可以降低大气环境的污染物浓度,减少空气中有害菌的含量,达到良好的空气净化效果。例如,可选择樟树、海桐、九里香、大叶黄杨、米兰、松树、栾树、椴树、柑橘、榕树、芒果等作为居住区绿地的绿化树种。

乔、灌、草结合的复层混交群落结构对小气候的调节、减弱噪声、污染物的生物净化均具有良好效果,同时也为各种鸟类、昆虫、小型哺乳动物提供栖息地。在园林生态系统中,如果没有其他的限制条件,应适当地优先发展森林群落。

(四)经济高效原则

风景园林生态设计必须强调有效地利用有限的土地资源,用少量的投入(人力、物力、财力)来建立健全园林生态系统,促进自然生态过程的发展,满足人们身心健康要求。

二、风景园林生态设计的范畴

(一)分类标准

建设部(2008年改组为住房和城乡建设部)在2002年9月1日颁布实施的《城市绿地分类标准》,将城市绿地分为五大类,即公园绿地、生产绿地、防护绿地、附属绿地及其他绿地。风景园林生态设计主要是根据这五大类型园林绿地的分类标准进行规划设计。

(二)公园绿地的生态设计

公园绿地代码为 G_1,它是面向公众开放,以游憩为主要功能,兼具生态、美化、防灾等作用的绿地,包括综合公园、社区公园、专题公园、带状公园及街旁绿地。

公园绿地的植物选择首先要保证其成活,特别是在环境条件相对差的条件下,要选择那些适应性较强、容易成活的种类,大量应用乡土植物,形成鲜明的地方特色。尽可能地增加植物种类,促进生物多样性,丰富园林植物景观,保持景观效果的持续性。避免选用对人体容易造成伤害的种类,如有毒、有刺、有异味、易引起过敏或对人有刺激作用的植物。

公园绿地的植物配置要结合当地的自然地理条件、当地的文化和传统等方面进行合理的配置,尽可能使乔、灌、草、花等合理搭配,使其在保证成活的前提下能进行艺术景观的营造,既能发挥良好的生态效益,又能满足人们对景观欣赏、遮阴、防风、森林浴、日光浴等方面的需求。为此,公园绿地植物的时空配置往往要分区进行,并尽可能增加植物种类和群落结构,利用植物形态、颜色、香味的变化,达到季相变化丰富的景观效果,满足不同小区的功能要求。

(三)生产绿地的生态设计

生产绿地代码为 G_2,它是为城市绿化提供苗木、花草、种子的苗圃、花圃和草圃等园圃地。可依据园林生态设计原则,合理选择、搭配苗木生产种类,优化群落结构,提高土地生产力,并适当进行景观营造,美化园圃地。

(四)防护绿地的生态设计

防护绿地代码为 G_3,它是城市中具有卫生、隔离和安全防护功能的绿地,包括卫生隔离带、道路防护绿地、城市高压走廊绿带、防风林、城市组团隔离带等,其布局、结构、植物选择一定要有针对性。

例如,卫生隔离带的生态设计,对于烟囱排放的污染源,防护林带要布置在点源污染物地面最大浓度出现的地点,而近地面无组织排放的污染源,林带可近距离布置,以把污染物限制在尽可能小的范围内。一般林带越高,过滤、净化、降噪、防尘效果越好。乔、灌、草密植的复层混交群落结构降噪效果最为显著,以防尘为目的的林带间隔地带则应大量种植草坪植物,以防降落到地面的尘粒再度被风扬到空中。卫生防护林带的植物一定要选择对有毒气体具有较强的抗性和耐性的乡土植物。

(五) 附属绿地的生态设计

附属绿地代码为 G_4，它是城市建设用地中绿地之外各类用地中的附属绿化用地，包括居住用地、公共设施用地、工业用地、仓储用地、对外交通用地、道路广场用地、市政设施用地和特殊用地中的绿地，其生态设计一定要坚持因地制宜的原则，针对性要强。

例如，工厂区防污绿化，树种的选择必须充分考虑植物的抗污能力、耐污能力与净化吸收能力以及对不良环境的适应能力，如油松、侧柏、国槐、栾树、白蜡、木槿、丁香、紫薇等。植物群落结构既不能太密集，又不能太稀疏，污染源区要留出一定空间以利于粉尘或有毒气体的扩散稀释，而在其与清洁区域的过渡地带，则应布置厂区内的防护绿地。

(六) 其他绿地的生态设计

其他绿地代码为 G_5，它是对城市生态环境质量、居民休闲生活、城市景观和生物多样性保护有直接影响的绿地，包括风景名胜区、水源保护区、郊野公园、森林公园、自然保护区、风景林地、城市绿化隔离带、野生动植物园、湿地、垃圾填埋场恢复绿地等。

例如，风景名胜区植物种类的选择首先要与风景名胜区的主题或特色相一致，在此基础上，按照具体需求进行植物种类的选择，尽可能选用当地的乡土植物种类，以充分发挥其效应。植物配置则要在保护的前提下，按照具体地段和位置进行，以保证并保护自然景观的完整风貌和人文景观的历史风貌，突出以自然环境为主导的景观特征。

由此可见，风景园林生态设计的范畴非常广泛，从公园、附属绿地的生态设计,到生产、防护绿地的生态设计,以及风景名胜区、自然保护区、城市绿化隔离带、湿地、垃圾填埋场恢复绿地的生态设计等均可纳入园林生态规划与设计的范畴。其功能用途不同,生态设计重点自然也应有所区别。

第三节　风景园林生态系统建设

一、风景园林生态系统建设的原则

(一)整体性与连续性原则

在一定的区域中,包括不同的行政单元,在地理、经济、环境等方面是一个相互联系的整体,任何局部的变化都会对其他区域产生影响。区域景观规划必须注重整体效益,尤其是在具有多种景观特征的区域和区域总体景观规划中,不能因强调某一元素的单一效益或局部地区的利益,进而进行条块分割,切断区域内景观的有机联系,致使景观破碎化,影响区域生态系统正常的生态功能和整体的生态服务价值,不利于社会和经济的可持续发展。

(二)格局和过程统一的原则

区域现有的景观特征是格局和过程相互作用的结果。风景园林生态景观建设主要是对区域景观格局的营建、调整和恢复,但必须考虑相应的生态过程。通常过程是目标,而格局是载体或手段,两者不可分割。在区域旅游发展中,除了考虑产业效益、游客体验以外,还要考虑区域相应建设对整体生物多样性保护的影响。

(三)自然优先和生态文明的原则

生态文明的新理念是可持续发展的深层哲学基础,它继承了我国自古以来"天人合一"的思想,主张人与自然和谐共处,共同促进世界的发展。人类改变直接获取物质的开发利用方式,而以享受生态系统服务为主,同时保护自然,向自然投资,使自然资本增值。在处理人与自然的关系上,倡导自然优先原则,确保自然生态服务功能持续、有效地发展。通过区域生态景观、人居环境以及生态旅游等的建设和发展,带动周围区域的生态文明建设,是超越本区域的重要功能之一。

(四)动态的和渐进的原则

目前,科学技术的发展日新月异,同时随着国际社会、经济、科技、文化的交融和发展,人们对区域规划理论的理解不断加深,对风景园林生态环境建设的要求也会不断提高,而生态系统自身,包括景观水平上的格局也在不断地演化。因此,任何一项规划都不可能是一贯而下的,描绘出区域发展的终极蓝图,必然是一个与人类社会的发展水平相适应的渐进的动态过程。

二、风景园林生态系统建设的步骤

(一)风景园林环境的生态调查

1. 地形与土壤调查

地形条件的差异往往影响其他环境因子,充分了解园林环境的地形条件,如海拔、坡向、坡度、地形状况、周边影响因子等,对植物类型的设计以及整体的规划具有重要意义。土壤调查内容包括土壤厚度、结构、水分、酸碱性、有机质含量等方面,特别是对土壤比较贫瘠的区域,或酸碱性差别较大的土壤类型更应详细调查。在城市地区,要注意对土壤堆垫土的调查,对于是否需要土壤改良、如何进行改良,要拿出合适的方案。

2. 小气候调查

特殊小气候一般由局部地形或建筑等因素所形成,城市中较常见。要对其温度、湿度、风速、风向、日照状况、污染状况等进行详细调查,以确保园林植物的成活、成林、成景。

3. 人工设施状况调查

对预建设的风景园林环境范围内,已经建设的或将要建设的各种人工设施进行调查,了解其对风景园林生态系统造成的影响,如各种地上、地下管网系统的走向、类别、埋藏深度、安全距离等,在具体施工过程中要严格按照规章制度进行,避免各种不必要的事件或事故的发生。

(二)园林植物种类的选择与群落设计

1. 园林植物的选择

园林植物的选择应根据当地的具体状况,因地制宜地选择各种适生的植物。一般要以当地的乡土植物种类为主,并在此基础上适当增加各种引种驯化的种类,特别是已在本地经过长期种植,取得较好效果的植物品种或类型。同时,要考虑各种植物之间的相互关系,保证选择的植物不至于出现相克现象。当然,为营造健康的风景园林生态系统,还要考虑园林动物与微生物的生存,选择一些当地小动物比较喜欢栖息的植物或营造其喜欢栖居的植物群落。

2. 园林植物群落的设计

园林植物群落的设计首先要强调群落的结构、功能和生态学特性相互结合,保证园林植物群落的合理性和健康性。其次要注意与当地环境特点和功能需求相适应,突出园林植物群落对特殊区域的服务功能,如工厂周围的园林植物群落要以改善和净化环境为主,应选择耐粗放管理、抗污吸污、滞尘、防噪的树种、草皮等;而在居住区范围内应根据居住区内建筑密度高、可绿化面积有限、土质和自然条件差以及接触人多等特点选择易生长、耐旱、耐湿、树冠大、枝叶茂密、易于管理的乡土植物构成群落,同时还要避免选用有刺、有毒、有刺激性的植物。

(三)种植与养护

园林植物的种植方法可简单分为大树搬迁、苗木移植和直接播种三种。大树搬迁一般是在一些特殊环境下为满足特殊的要求而进行的,该种方法虽能起到立竿见影的效果,满足人们及时欣赏的需求,但绿化费用较高,技术要求高且风险较大,从整体角度来看,效果不甚显著,通常情况不宜采用;苗木移植在园林绿化中应用最广,该方法能在较短的时间内形成景观,且苗木抗性较强,生长较快,费用适中;直接播种是在待绿化的地面上直接播种,其优点是可以为各种树木种子提供随机选择生境的机会,一旦出苗就能很快扎根,形成合适根系,可较好地适应当地生境条件,且施工简单,费用低,但成活率较低,生长期长,难以迅速形成景观,因此在粗放式管理特别是大面积绿化区域使用较多。养护是维持园林景观不断发挥各种效益的基础。风景园林景观的养护包括适时浇灌、适时修剪、补充更新、防治病虫害等各方面。

第五章 风景园林生态环境与可持续发展

第一节 可持续发展与环境保护

一、可持续发展与环境保护的关系

1. 可持续发展要求改变单纯追求经济增长,而忽视环境保护的传统发展模式

经济增长方式应从粗放型向集约型转变,这是可持续发展的根本措施。要实现这样的转变,关键就是要解决好资源的合理配置、有效利用和合理保护。这正是环境与资源保护工作的基本出发点。为此《人类环境宣言》宣示:"对地球生产非常重要的再生资源的能力必须得到保持,而且在实际可能的情况下,加以恢复和改善。"在使用地球上不能再生的资源时,必须防范将来把它们耗尽的危险,不断提高环境与资源为人类提供今后和世代发展的支撑的能力。

2. 持续发展要求加快环境保护技术的研究和普及

《里约宣言》原则九明确指出:"各国应当合作加强本国能力的建设,以实现可持续发展,做法是通过开展科学和技术知识的交流来提高科学认识,并增强各种技术——包括新技术和革新技术的开发、适应性改造、传播和转让。"因环境问题是在工业和科学技术发展的过程中产生的,最终的解决也必须靠经济的发展和科学技术的进步。没有雄厚的资金基础和先进的科学技术,环境问题的根本解决是十分困难的。但这并不意味着等经济发展、科学技术进步了再去保护环境。历史的经验和教训早已证明"先污染后治理"的道路不能再走。环境保护先进技术的应用和普及既有利于治理、改造环境,又有利于预防环境的污染和生态的破坏,也是从根本上解决环境问题的重要手段。

3. 可持续发展的核心是发展,并把环境保护作为衡量发展的客观标准之一

可持续发展的核心是发展,发展是人类社会进步的客观规律。任何停止发展、阻碍发展的观点和行为都是注定要失败的,发展不是传统意义上资源的高消耗、生活的高消费、生产生活的高废弃的发展,而是充分考虑环境与资源能够为发展提供的支撑能力,以不削弱自然的生产力或环境生态系统对人类福利的综合贡献这种方式去利用环境,求得发展。预防人们在发展中造成环境恶化,对人类健康造成伤害。可持续发展要求人们放弃传统的生产方式和消费方式。地球所面临的最严重的问题之一,就是不适当的消费和生产模式,导致环境恶化、贫困加剧和各国的发展失调。若想达到适当的发展,需要提高生产的效率,以及改善消费,以最高限度地利用资源和最低限度地生产废弃物。

4. 可持续发展强调个人享受环境的权利和保护环境的义务的平等与统一

环境是人类赖以生存、经济社会发展的基本条件和物质基础。任何人在享有清洁、适宜、健康的环境的权利同时,负有履行保护、改善和不破坏、污染环境的义务。如果享受环境权利的人都不尽环境保护义务,享受环境权利也只能是一句空话。享受环境的权利和保护环境的义务是辩证统一的。这一观点同样适用于国与国之间的关系。根据联合国宪章和国际法原则,"各国拥有按照其本国的环境与发展政策开发本国自然资源的主权权利,并负有确保在其管辖范围内或在其控制下的活动不致损害其他国家或在各国管辖范围以外地区的环境的责任"。

二、可持续发展需要协调三对关系

要实现保护环境与可持续发展的目标,我们需要做的事情非常多。总的来讲,我们需要同时调整好三对关系:人与自然的关系,当代人与后代人的关系,以及当代人之间的关系。

(一)可持续发展希望建立一种和谐的人与自然的关系

狭隘的人类中心主义把人与自然对立起来,认为人是自然的主人和拥有者,可以为所欲为地向自然界索取,把自然当作自己的奴仆。那么在这种情况下,环境污染与生态危机就必然不可避免。科学技术可以在一定程度上缓解甚至解决生态环境方面遇到的问题,但是单纯依靠先进的技术手段,环境问题仍不能得到根本的解决。

承认技术手段在保护环境方面的局限性,并不是要否认科学技术在保护环境方面的意义和重要作用,而是要求我们突破技术决定论的局限,把环境保护与可持续发展放在文明转型和价值重铸的大背景中来加以思考,要走出或超越狭隘的人类中心主义,承认大自然的内在价值——这种价值既包括经济价值,又包括了审美价值、生态价值等,把人与自然视为一个密不可分的整体,追求人与自然的和谐,尊重并维护生态系统的完整和稳定。

(二)实现"代际平等"是实施可持续发展战略的一个重要目标

环境危机不仅严重影响了当代人的生活质量,还对后代人的生存和发展构成了持久的威胁。20世纪后半叶,一方面由于人口的迅速增长,人均资源消耗量与废物排放量的剧增,人类对地球的开发正在接近地球的承载极限;另一方面由于科技的进步,我们已经能够准确地预见我们的行为对后代的生存环境的影响,因而,如何在当代人与后代人之间公平地分配地球上的有限资源的问题,便跃入了当代人的思维视野。

未来人的生存同样需要满足此方面最基本的需要(如清洁空气、干净的水、健康而稳定的生态系统)。因此,在分配地球上的有限资源时,我们必须要用"代际平等"的原则来处理当代人与后代人的关系,要选择那种能够使对地球资源的可持续利用成为可能的能源使用战略。这意味着,我们不仅要给后人留下一套先进的生产技术与成熟的经济发展模式,还要给他们留下一个稳定而健康的生态环境。

(三)可持续发展战略希望促进人类之间的和谐共存

可持续发展理论要求把满足贫困人口的基本需要"放在特别优先的地位来考虑"。这是因为人的基本需要得到满足,这是人作为人所享有的基本权利,贫困是对这种权利的剥夺,它使人作为人的价值得不到实现。同时,贫困与破坏环境往往是互为因果的。因此,消除贫困,减少贫富差距,是国际社会的共同义务,也是实现"代内平等"的内在要求。

要在全球的范围内实现消除贫困、保护环境的目的,国际社会就必须采取共同的行动。在民族国家层面,政府应制定适合本国国情的可持续发展战略,制定严格的环保法规;在国际层面,人类应建立一个更加公正而合理的国际政治经济新秩序,维护世界和平,使各国能够更多地把有限的资源用于保护我们这个"唯一的地球",发达国家应向发展中国家提供更多的经济和技术援助,增强欠发达国家保护环境的能力,同时,我们还应积极配合各种非政府组织,特别是联合国发起的保护地球的民间环保活动。

三、环境保护的可持续发展战略

环境问题已发展成为一个全球性的公害。目前,各个国家都在积极寻找一条能够促进本国经济建设、适应生态环境发展的环境法治道路,努力制定适合本国发展的环境保护可持续发展战略。在一些发达国家,环保活动已经逐步演变成为全体国民自觉履行的一项义务。

为了实现环境保护的可持续发展,人类必须学会控制人口数量,提高人口素质,建立正确的资源、环境价值观念,改变过去掠夺式挥霍式的生产和生活方式,爱惜和保护有限的自然资源及人类赖以生存的环境。同时,人类需要随时调整自身与自然环境的关系,充分认识人既是地球生态系统的中心,又是地球生物组成的一员。人类所需要的不是征服自然而是与自然协调共处,使人类的进步和环境保护共同发展。因此,各个国家在制定环境保护的可持续发展战略时,应该努力做到以下几个方面:

第一,各个国家环境法律工作者在制定与环境有关的法律时,必须密切注意生态环境与人类生存的相互关系,力求使环境保护的可持续发展能够在法律条文中得到良好的体现。同时兼顾社会经济效益和人类生存发展。环境保护的可持续发展也必须以改善和提高生活质量为目的,与社会进步相适应。

第二,在环境保护政策的落实方面,环境管理机构必须依照国家环境法的指导思想和基本原则,严格按照国家有关环境保护的各项法律制度,针对环境案件的实际情况提供相应的处理方法,以使可持续发展能够有效运行下去。可持续发展重在以保护自然为基础,包括控制环境污染,改善环境质量,保护生命支持系统,保护生物多样性,保持地球生态的完整性,保证以持续的方式使用可再生资源,使人类的发展保持在地球承载能力之内。

第三,人类对于环境保护的传统观念还有待改变,应该树立起可持续发展的战略眼光。生态环境的保护不是一项短暂工程,是一项长期的建设工程。人类在改造自身的生存环境时必须先改变不合理的观点,站在长远发展立场上改造生态环境,进行长期的环境保护。

总而言之,人类赖以生存、生产的生态环境在现阶段虽然还面临着许多问题,而且也有部分问题是目前难以克服和解决的,但是作为社会活动的主体,人类在关注自身发展的同时,也应该密切关注环境保护的可持续发展,使环境保护的可持续发展能够在人类社会发展的限度内合理运行。

为了实现环境和经济的可持续发展,各个国家和地区根据自己的国情采取了不同的措施。以上海市为例,采用排污指标有偿转让的方法,在环保部门监控下形成一个排污指标交易市场,企业可在市场内自由交易,从而最终运用经济杠杆来实现污染物总量控制,达到了较好的效果。近几年来,在环保部门的见证审批下,上海两家工厂签订了排污指标有偿转让协议:位于黄浦江上游的上海吉田拉链有限公司出资 60 万元,从上海中药三厂获得每天 680 t 废水和每天 40 kg(化学需氧量)的排放指标。吉田拉链有限公司因此为治理污染和扩大再生产赢得时间,长期致力于环保投入的中药三厂在经济效益上也取得了回报。到目前为止,上海开展排污指标有偿转让的单位达到 40 多家。一些经济效益差、污染严重的企业,从经济成本考虑逐渐出让排污指标,退出了水源保护区。一些污染小、经济效益好的企业逐渐落户保护区,形成了良性循环,经济与治污协调发展。

第二节　循环经济与清洁生产

一、循环经济

(一)循环经济的基本理念

在养殖业中有着这样的循环模式:猪粪喂蚯蚓、蚯蚓喂鸡、鸡粪喂猪。这种模式既减少了饲料用量,又实现了清洁养殖。在环境污染越来越引起人们关注的时候,这样一种生态循环模式启发了一些环境污染严重的工业生产项目,专家们称之为"循环经济"。

传统的经济,是一种"资源—产品—污染排放"单向流动的线性经济。在这种经济模式中,人类利用从自然中所萃取的资源,经过加工,形成产品,供应市场消费,同时把废物大量抛弃到地球上,实现经济的数量增长。这种高消耗、高产量、高废弃的现象,造成了对环境的恶性污染和破坏。传统工业在给人类社会带来新生活方式的同时,也开启了人类发展史中生态环境恶化的新纪元。

循环经济倡导在物质和能源不断循环利用的基础上发展经济。它要求把经济活动组成一个"资源—产品—再生资源"的反馈式流程。其特征是:低开采、高利用、低废弃,所有的物质和能源在这个不断进行的经济循环中得到合理和持久的应用,把经济活动对自然环境的影响降低到最低限度。因此,循环经济是人类社会发展过程中解决资源环境制约,实现可持续发展的最佳途径。

(二)发展循环经济的措施

循环经济的核心是资源的高效利用和循环利用。循环经济遵

循的原则是减量化、再利用、再循环,因此,发展循环经济的措施包括以下几个方面:

1.在产品的绿色设计中贯彻"减量化、再利用、再循环"的理念。绿色设计具体包含了产品从创意、构造、原材料与工艺的无污染、无毒害选择,到制造、使用以及废弃后的回收处理、再生利用等各个环节的设计,也就是包括产品的整个生命周期的设计。要求设计师在考虑产品基本功能属性的同时,还要预先考虑如何防止产品及工艺对环境的负面影响。

2.在物质资源开发、利用的整个生命周期内贯穿"减量化、再利用、再循环"的理念。在资源开发阶段考虑合理开发和资源的多级重复利用;在产品和生产工艺设计阶段考虑面向产品的再利用和再循环的设计思想;在生产工艺体系设计中考虑资源的多级利用、生产工艺的集成化与标准化设计思想;在生产过程、产品运输及销售阶段考虑过程集成化和废物的再利用;在流通和消费阶段考虑延长产品使用寿命和实现资源的多次利用;在产品生命周期最后阶段考虑资源的重复利用和废物的再回收,再循环。

3.实现生态环境资源再开发利用和循环利用。即环境中可再生资源的再生产和再利用,对空间、环境资源再修复、再利用和循环利用。对于再利用和再循环之间的界限,要认识到废弃物的再利用具有以下局限性。其一是再利用本质上仍然是事后解决问题,而不是一种预防性的措施。废弃物再利用虽然可以减少废弃物最终的处理量,但不一定能够减小经济过程中的物质流动速度以及物质使用规模。其二是以目前方式进行的再利用本身还不能保证是一种环境友好的处理活动。因为运用再利用技术处理废弃物需要耗费矿物能源、水、电及其他许多物质,并将许多新的污染物排放到环境中,造成二次污染。其三是如果再利用资源的含量太低,收集的成本就会很高,再利用就没有经济价值。

二、清洁生产

(一)清洁生产概述

清洁生产是 20 世纪 80 年代发展起来的。也是国际社会努力倡导的改变传统生产模式的一种全新的保护环境的战略措施,其实质是一种物料和能耗最少的人类生产活动的规划和管理,将废物减量化、资源化和无害化,或消灭于生产过程之中。清洁生产考虑从原材料、生产过程到产品服务全过程的广义污染防治,可以从根本上解决工业污染的问题,即在污染前采取防治对策,而不是在污染后治理,将污染物消除在生产过程之中,实行工业生产全过程控制。简而言之,清洁生产就是在现有的技术和经济条件下,用清洁的能源和原材料、清洁工艺及无污染或少污染的生产方式,以及科学而严格的管理措施生产清洁的产品。

清洁生产是一种综合预防的环境保护策略,被持续地应用于产品生产过程和产品服务的过程中,以期减少对人类和环境的影响和伤害。对于生产过程来说,清洁生产的目的就是在生产过程中节约原材料、水资源和能源,避免有毒有害材料的使用,减少有毒有害物质排放和废弃物的产生;对于产品来说,清洁生产的目标在于减少产品在整个生命周期过程中对生态环境和人类健康与安全的影响;对于产品服务而言,清洁生产是指在产品设计和服务中综合考虑环境影响因素,实现绿色设计;从可持续发展的角度讲,清洁生产是既可满足人们的需要,又合理使用自然资源和能源,并保护环境的实用生产方法和有效措施。

(二)清洁生产的目标

根据经济可持续发展对资源和环境的要求,清洁生产谋求达到以下两个目标：

1. 通过资源的综合利用、短缺资源的代用、二次能源的利用，以及节能、降耗、节水，合理利用自然资源，减缓资源耗竭。

2. 减少废物和污染物的产生，促进工业产品的生产、消耗过程与环境相融，降低工业活动对人类和环境造成的风险。

（三）清洁生产的重点

清洁的能源、清洁的生产过程和清洁的产品是清洁生产的重点。对生产过程而言，清洁生产包括节约原材料和能源，淘汰有毒有害的原材料，并在生产过程结束前，尽最大可能减少全部排放物和废物的排放量和毒性。对产品而言，清洁生产旨在减少产品整个生命周期过程中从原料的提取到产品的最终处置给人类和环境带来的不利影响。

三、循环经济与清洁生产的关系

（一）两个概念的提出都基于相同的时代要求

工业社会由于以指数增长方式过量地剥夺自然，已造成全球环境恶化，资源日趋耗竭，在可持续发展战略思想的指导下，1989年联合国环境规划署制订了《清洁生产计划》，并指导在全世界推行清洁生产。1996年德国颁布了《循环经济与废物管理法》，提倡在资源循环利用的基础上发展经济。二者都是为了协调经济发展和环境资源之间的矛盾应运而生的。

我国的生态脆弱性远在世界平均水平之下，人口数量趋向高峰，耕地减少、用水紧张、粮食紧缺、能源短缺、大气污染加剧、矿产资源不足等不可持续因素造成的压力将进一步增加，其中一些因素将逼近极限值。面对名副其实的生存威胁，推行清洁生产和循环经济是克服我国可持续发展"瓶颈"的唯一选择。

(二)均以工业生态学作为理论基础

工业生态学为经济-生态的一体化提供了思路和工具,循环经济和清洁生产同属于工业生态学大框架中的主要组成部分。工业生态学又可译为产业生态学,以生态学的理论观点研究工业活动与生态环境之间的相互关系,考察人类社会从取自环境到返回环境的物质转化全过程,探索实现工业生态化的途径。经济系统不单受社会规律的支配,更受自然生态规律的制约。为了谋求社会和自然的和谐共存、技术圈和生物圈的兼容,唯一的解决途径就是使经济活动在一定程度上仿效生态系统的结构原则和运行规律,最终实现经济的生态化,即构建生态经济。

(三)有共同的目标和实现途径

清洁生产在初始时注重的是预防污染,其内涵包括实现不同层次上的物料再循环,还包括减少有毒有害原材料的使用,降低废料及污染物的生成和排放及节约能源、能源脱碳等要求,与循环经济主要着眼于实现自然资源,特别是与不可再生资源再循环的目标是一致的。

从实现途径来看,循环经济和清洁生产也有诸多相通之处。清洁生产的实现途径可以归纳为两大类,即资源削减和再循环,包括:减少资源和能源的消耗,重复使用原料、中间产品和产品,对物料和产品进行再循环利用,尽可能利用可再生资源,采用对环境无害的替代技术等,循环经济的3R原则即源出于此。

第三节　可持续发展与园林生态建设

一、园林生态建设和可持续发展的关系

可持续发展是针对从前以牺牲环境、破坏资源、危及子孙后代为代价来达到经济的高速发展而提出来的,它是既满足当代的需要,又不对后代人满足其需要的程度构成危害的发展。其本质是环境与经济协调发展,追求人与自然的和谐共处。创建生态园林最终体现在最大限度地提高绿地率,合理布置稳定的人工植物群落,保持物种的多样性。我们都在城市绿地系统规划指导下,依据生态基础,经济持续是条件,社会持续是目的要求,坚持以绿为主,以精为本,以大写实,利用简洁、亮丽、新颖、时尚的艺术手法,建设好我们的生存环境,美化好我们的家园,使城市与自然共存。

二、构建节约型园林

节约型园林是按照资源的合理循环利用原则,在规划、设计、施工、养护等各个环节中,最大限度地节约各种资源,提高资源的利用率,减少能源消耗。以最少的用地、最少的用水、最少的经济投入,选择对周围生态环境最少干扰的绿化模式。资源与能源的合理分配与有效利用,同时体现在节地、节土、节水、节能、节材、节力等方面,以此来确保节约型园林建设的可持续发展。

随着城市土地资源的日益紧缺和用地矛盾的日益加剧,建设节地型园林作为节约型社会建设的重要内容之一,能够在缓解人地矛盾、改善小气候环境、节约资源与能源方面发挥出积极的作用,必将成为我国园林绿化未来的发展趋势之一。

园林绿化建设所需要的回填土和种植土,大多来源于山地和

农田,大量的园林土方工程势必对山区和农村的生态环境造成极大的威胁。那些从视觉效果出发设计的高大土丘,因植物生长困难而需要大量的人工灌溉来维持,不仅带来高昂的园林绿化建设成本与养护费用,而且造成水土资源的巨大浪费。因此,节土型园林建设应从有利于植物生长,提高生物多样性水平的设计要求出发,尽量节约利用宝贵的土壤资源,以缓解园林绿化与农林业生产之间的矛盾。节土型园林绿化的具体措施:一是保持场地原有的地貌特征,尽量做到土方就地平衡;二要避免进行大规模的地形改造工程,并充分利用场地原有的表土作为种植土进行回填。

节水型园林技术措施主要体现在广泛提倡使用集水技术,推广采用地面透气透水性铺装。从提高渗水率的角度考虑,应尽量减少工程占地面积、注重雨水的回收利用,提倡使用再生水灌溉,以及采用微喷、滴灌等节水设施。建设节水型园林应从开源和节流两方面入手。一方面要增加可利用的水源总量,如雨水回收、中水利用等措施;另一方面要减少水资源的消耗。不仅要在水的运输、灌溉等方面减少损失,如利用地膜覆盖减少水分蒸发、利用土工布减少水分渗透等,而且要选用耐干旱的植物种类,并将水分送到植物最需要的地方。如微喷,滴灌,在树木根部盘绕穿孔输水软管等,这些技术措施花钱不多,不仅可以节约大量的水资源,而且能为植物的生长创造更加适宜的环境。

近年来由于大型城市广场、音乐喷泉和景观大道等城市形象工程的盛行,造成全国各地在园林绿化建设和运营中的电能消耗量不断增加,与经济发展之间的矛盾更加尖锐。更有甚者,花哨的夜景照明不是用来突出园林中的景物,而是追求造型奇特的灯具装饰效果,或者追求亮如白昼的夜景效果。这不仅失去了解设计的本意和含蓄优美的夜景效果,而且造成经济和能源的巨大浪费。因此,设计中应尽量降低园林绿化建设中的能源消耗,提倡并鼓励因地制宜,利用当地自然能源,实现安全清洁的园林绿化建设养护和日常管理。尤其是那些远离城市的郊野公园或高速公路绿化,利用太阳能,风能、水力等能源解决照明、灌溉问题,还能节约大量的管网建设投资。节约型园林建设以各种自然材料和人工材料的合理利用、循环利用为原则,减少各种废弃物对环境的影响。充分利用地方材料和地方工艺以及环境友好型材料,在降低工程造价的同时改善了生态环境,突出园林绿化的地方特色。在实践中我们发现许多富有创意的废弃物循环利用或再利用的方法,形成十分奇特有趣的园林小品。如利用搅拌机剩余的混凝土形成的"假山石",以铺路剩余的石块、砾石作为园林铺地,以及利用死树枯干形成的园林景观等等。此外,植物的死干、枯枝、落叶、树皮等,与其将其大量焚烧或作为生活垃圾处理,造成资源的浪费或环境的破坏,不如将其回收利用,或作为园林绿化的生物性肥料,或作为园林建设的材料,营造独特的园林景观。

以便于养护管理作为节约型园林衡量的标准,要求在园林绿化的养护管理和日常运营中,减少人力、物力、财力的投入。据统计,在发达国家,大约10年的养护费用就相当于园林的建设费用,园林的养护费用已经成为政府的巨大负担。在我国,随着人力资源成本逐渐提高,园林绿化的养护成本也将越来越高,现在若忽视养护管理问题,园林绿化有可能很快成为此地方政府的难以承受之重,园林绿化建设可持续发展的目标也难以实现。因此,节约人力、便于养护非常重要。将园林绿化建设与保护和建设乡村景观相结合,既能解决部分失地农民的再就业问题,为建设和谐社会作出贡献,又能提高园林绿化的经济效益,营造更加丰富的园林景观。

三、低碳节能

植物景观碳效应的主要因素有很多方面,具体包括植物景观结构、植物景观形式和风格、植物类型、植物特性、植物的规格和种植密度、植物的生长环境以及不同区域的植物景观,等等。植物景观结构(疏密、水平结构、垂直结构)不同,如密林草地和疏林草地其固碳效应不同。在园林道路的绿化断面上从背景林带到道路侧石采用的是典型的复合多层结构,从毛白杨、法桐到国槐、朝鲜槐,再到金银木、珍珠梅、紫荆、丁香,再到地被植物等,形成丰富的层次,这样的复合多层结构,单位面积固碳效率高,并且同时能满足审美与活动功能的需求园林道路的设计本着以自然风格特色为主的形式,在设计方案初期,两侧绿带以多层次的自然密林和疏林草地为主,中央分车带也是以自然的植物布局,以小乔木和灌木配合适应性较强的地被植物为主。这主要因为分车带内的生长条件相对较差,受机动车的尾气污染严重,而且灰尘较多,冬季风力较大,导致植物容易受干旱和低温的影响。为了便于后期养护和管理,在沿线 36.2 km 的绿带内基本不种植人工修剪的植物(如黄杨球、女贞球)以及植物模纹图案,尽量避免需要人工精心修剪维护的造型植物的出现,有效地减少了碳排放量。

四、因时因地制宜,合理利用园林气候资源

园林植物气候资源具有:无限的循环和单位时间的有限性,波动性和相对稳定性,区域差异性和相似性,相互依赖性和可改造性等特点。气象要素在时序上有很大变化,同一个地区内不同时间和不同季节的气象条件差异是很大的,气候的季节变化和灾害天气的季节性都十分强烈,因此,合理开发利用气候资源,要根据园林植物的关键生育期,选择适宜的品种、种类和合理的种植时期才能取得理想的效果。

园林植被分布的地带性和种植制度的区域性往往取决于气候条件,不同的气候带就有不同的植被群落,如热带气候地区其植被

分布必然是热带性的,而寒带气候地区也必然出现寒带植被,否则,园林植物就不能繁衍生长。此外,地形和海拔高度对气候有重大影响。大体上,海拔高度每升高100米,气温约下降0.6 ℃。同一座高大的山脉中,可出现山底生长着的热带或南亚热带植被,山腰生长着中亚热带植被的景观,山顶生长着北亚热带乃至温带甚至寒带植被。导致植被分布差异的原因,主要是山体不同高度的不同气候条件造成的。因此,园林生态建设一定要因地制宜,因时制宜,分类排队,才不会脱离实际和"一刀切"。气候资源还有短暂性的特点,在一年或某一季节中,某一时期的气候对某一园林植物生长很有利,但过了这个时间,气候起了变化又可能变为不利。根据这一特点,首先应从时间上抓紧充分利用。抓紧时机是保证植物正常生长发育,园林植株繁茂、美观的关键。如时机掌握不好,植物类型搭配不好,也易遭受自然灾害。因此,趋利避害,合理利用气候资源,可达到"顺天时得大利",取得最佳的经济效果。因时因地制宜指挥园林生态建设,就能做到地尽其力、物尽其长,气候资源得到充分合理利用。

园林科技工作者,必须善于揭示、分析和掌握园林植物与自然环境之间的生理、生态学关系,作为科学栽培、管理园林植物技术措施的基本依据,以充分发挥生物的生产潜力,并合理开发利用气候资源,保护气候资源,维护生态平衡,促进生态环境的可持续发展。

参 考 文 献

[1]鲁敏,徐晓波,李东和.园林生态应用设计[M].化学工业出版社,2015.

[2]田朝阳,田国行.河南野生观赏植物志[M].科学出版社,2010.

[3]北京大学景观设计学研究院.景观设计学:设计的生态[M].中国林业出版社,2011.

[4]王贞.城市河流生态护岸工程景观设计理论与策略[M].华中科技大学出版社,2014.

[5]蒋宗和.生态景观设计与实务参考图册：Ecological landscape design and practice reference image atlas[M].机械工业出版社,2010.

[6]余守明.园林植物及生态[M].中国建筑工业出版社,2007.

[7]蒋宗和.生态景观设计与实务参考图册[M].机械工业出版社,2010.

[8]南希·罗特,肯·尤科姆,等.生态景观设计[M].大连理工大学出版社,2014.

[9]韩国C3出版公社.生态恢复与边界性景观设计[M].大连理工大学出版社,2013.

[10]刘晖,董芦笛,刘洪莉.生态环境营造与景观设计[J].城市建筑, 2007(5):3.

[11]德拉姆施塔德.景观设计学和土地利用规划中的景观生态原理[M].中国建筑工业出版社,2010.

［12］佳图文化.世界景观设计 100 强:城市生态景观［M］.中国林业出版社,2012.

［13］王欣,方薇.风景园林(景观设计)专业英语(第二版)［M］.中国水利水电出版社,2013.

［14］林焰.滨水园林景观设计［M］.机械工业出版社,2008.

［15］董丽.低成本风景园林设计［M］.科学出版社,2016.

［16］刘福智.风景园林建筑设计指导［M］.机械工业出版社,2007.

［17］罗特.生态景观设计［M］.大连理工大学出版社,2014.

［18］冯慧.基于可持续发展的道路景观设计与路域生态环境共生性研究［M］.陕西旅游出版社,1900.